CONTRIBUTION

A L'ÉTUDE ANATOMIQUE ET CLINIQUE

DE

L'ÉRYSIPÈLE ET DES ŒDÈMES DE LA PEAU

PAR

LE DR J. RENAUT

Répétiteur à l'école pratique des Hautes Etudes (Laboratoire d'histologie du Collège
de France),

Interne-lauréat des Hôpitaux de Paris (Prix de l'internat, 1re division,
medaille d'argent, 1873),

Ancien-interne de l'Hospice Géneral, lauréat de l'École de médecine de Tours
(Médaille d'argent, 1866, médaille de vermeil, 1867),

Prix Tonnellé (Médaille d'argent 1867),

Membre de la Société anatomique, secrétaire de la Société de biologie.

PARIS

G. MASSON, ÉDITEUR

LIBRAIRE DE L'ACADÉMIE DE MÉDECINE

Place de l'École-de-Medecine, 17

1874

CONTRIBUTION

A L'ÉTUDE ANATOMIQUE ET CLINIQUE

DE

L'ÉRYSIPÈLE ET DES ŒDÈMES DE LA PEAU

Clichy. — Imprimerie Paul Dupont, rue du Bac-d'Asnières, 12. (700, 4-4.)

CONTRIBUTION

A L'ÉTUDE ANATOMIQUE ET CLINIQUE

DE

L'ÉRYSIPÈLE ET DES ŒDÈMES DE LA PEAU

PAR

LE DR J. RENAUT

Répétiteur à l'école pratique des Hautes Études (Laboratoire d'histologie du Collège de France);

Interne-lauréat des Hôpitaux de Paris (Prix de l'internat, 1re division, médaille d'argent, 1873);

Ancien interne de l'Hospice Général, lauréat de l'École de médecine de Tours (Médaille d'argent, 1866; médaille de vermeil, 1867);

Prix Tonnellé (Médaille d'argent 1867);

Membre de la Société anatomique, secrétaire de la Société de biologie.

PARIS

G. MASSON, ÉDITEUR

LIBRAIRE DE L'ACADÉMIE DE MÉDECINE

Place de l'École-de-Médecine. 17

—

1874

CONTRIBUTION

A L'ÉTUDE ANATOMIQUE ET CLINIQUE

DE

L'ÉRYSIPÈLE ET DES ŒDÈMES DE LA PEAU

INTRODUCTION

DÉFINITION. — DIVISION DU SUJET.

Je me propose d'étudier, dans ce mémoire, quelques-unes des modifications anatomiques subies par la peau lorsqu'un érysipèle s'y développe ou qu'elle est envahie par un œdème. Je décrirai donc successivement les lésions cutanées dans l'érysipèle, puis dans l'œdème aigu ou chronique. J'étudierai ensuite les similitudes nombreuses qu'offrent entre eux ces deux états morbides, très-voisins l'un de l'autre, au point de vue des lésions primitives ou consécutives qu'ils produisent dans le tégument.

Je diviserai en conséquence mon travail en deux parties.

Dans la première, presque exclusivement anatomique, je décrirai successivement les lésions de la peau dans l'érysipèle, dans l'œdème aigu ou chronique, et enfin sommairement dans l'éléphantiasis, leur aboutissant commun. Dans la seconde partie, plus particulièrement clinique, j'étudierai les

rapports que présentent au lit du malade l'érysipèle et l'œ-
dème, ainsi que les connexions nombreuses et étroites qui les
relient tous les deux à la fois à certaines formes de lymphangites, et aux hypertrophies cutanées dont le dernier terme est
l'éléphantiasis.

Les observations cliniques qui font la base de ce travail
ont été recueillies pendant mon internat dans les services de
MM. Lailler, A. Fauvel et Empis. Les recherches anatomiques ont été faites dans le Laboratoire d'histologie des hautes
études, au Collége de France[1].

[1] La planche placée à la fin du mémoire a été extraite du n° 2 des *Archives
de physiologie normale et pathologique* (mars-avril 1874).

PREMIÈRE PARTIE

Remarques sur l'origine et la distribution des lymphatiques
dans la peau.

La question de l'origine des vaisseaux lymphatiques dans les tissus est certainement l'une de celles qui ont dans ces derniers temps soulevé le plus de controverses. Sans vouloir prétendre entrer dans de grands détails à ce sujet, j'exposerai cependant l'état de la science en ce qui regarde l'origine des lymphatiques de la peau, leur distribution dans cette membrane et la structure que présentent leurs radicules capillaires. Sans cette exposition préalable, le rôle des lymphatiques, dans les affections qui nous occupent, ne saurait être complétement compris..

Si, piquant obliquement la peau avec la seringue de Pravaz, de manière à ce que l'on voie le bec effilé de la canule à travers l'épiderme, on pousse dans la partie la plus superficielle du derme du bleu de Prusse dissous dans l'eau, on voit d'abord paraître une petite nappe colorée autour de la canule, une petite boule se forme ensuite difficilement, et de la périphérie de cette dernière on voit bientôt partir un réseau bleu très-élégant qui se répand sur une surface de plusieurs centimètres. C'est le réseau superficiel des lymphatiques de la peau.

Si, une fois l'injection faite, on détache avec précaution le tégument, on ne tarde pas à reconnaître que la matière colorante a pénétré, en dessinant des réseaux, jusque dans les couches les plus profondes. Dans les travées conjonctives qui séparent les îlots du tissu adipeux sous-cutané on voit des lymphatiques d'un certain calibre, reconnaissables à leurs valvules, remplis de bleu de Prusse, et se rendant aux ganglions correspondants.

La portée de cette expérience très-simple, faite pour la première fois par M. Ranvier, est considérable. Elle démontre en effet qu'en piquant un point quelconque de la superficie du chorion, on injecte un système capillaire arborisé communiquant avec les gros troncs lymphatiques. Dans les tissus fibreux, tout aussi bien que dans le tissu cellulaire lâche, les mailles du tissu conjonctif communiquent donc librement avec les vaisseaux absorbants.

Les expériences bien connues de v. Recklinghausen sur les cellules migratrices du tissu conjonctif avaient du reste fourni déjà à cette conception des arguments importants. Mais c'est surtout aux recherches récentes de M. Ranvier que nous devons les notions les plus exactes sur l'origine des lymphatiques et leurs rapports avec les mailles du tissu conjonctif. En instituant la méthode des injections interstitielles, en montrant les orifices de communication des lymphatiques de la face supérieure du diaphragme avec la grande séreuse péritonéale, il a éclairé considérablement, dans ces derniers temps, cette question controversée. On n'ignorait pas, depuis assez longtemps déjà, que les capillaires lymphatiques sont dépourvus de paroi proprement dite, et caractérisés simplement par un endothélium continu, à bords crénelés et ondulés à la manière des feuilles de chêne ; à l'aide des injections faites au nitrate d'argent, il est facile de mettre en évidence cette disposition, notamment dans les lymphatiques de l'intestin. Dans la peau et dans tous les tissus fibreux, l'étude des capillaires lymphatiques semble au premier abord plus difficile. C'est cependant sur ces points que les connexions qu'ils présentent avec les mailles du tissu conjonctif sont les plus évidentes et où leur disposition tout à fait caractéristique permet de les mieux reconnaitre.

Si, après avoir fait dans la peau une injection interstitielle de bleu de Prusse, on pratique dans cette dernière des sections un peu épaisses et qu'on monte ensuite la pièce dans le baume du Canada pour rendre la préparation transparente, on obtient une bonne image de la distribution des capillaires lymphatiques dans la peau. On les voit former de larges troncs

irrégulièrement renflés et dont les bords sont limités par des
lignes anguleuses ; d'une manière générale, le réseau le plus
superficiel formé par ces vaisseaux est sensiblement inférieur aux papilles et aux capillaires sanguins qui s'y distri-
buent ; quelques rares ramuscules s'en rapprochent cependant, mais l'ensemble du réseau superficiel paraît plutôt intermédiaire au lacis supérieur des vaisseaux sanguins d'où
partent les anses destinées aux papilles, et au réseau profond
à larges mailles qui se distribue autour des glandes de la
peau.

La structure de ces capillaires lymphatiques est extrêmement simple. Il suffit pour la démontrer de pratiquer sur la
peau injectée au bleu et convenablement durcie, des coupes
minces intéressant seulement les limites de l'injection. On se
met ainsi à l'abri de toute objection sérieuse.

Si la section a été faite perpendiculairement à la direction
des faisceaux de tissu conjonctif du derme, le capillaire lymphatique paraît comme une lacune anguleuse exactement
limitée par le contour de ces faisceaux, et dans laquelle a
pénétré l'injection. On a sous les yeux un espace plasmati-
que gigantesque, formé par le simple écartement des fibres
conjonctives, et cette cavité, comme creusée dans le tissu cellulaire, n'est limitée que par un réseau élastique très-délicat et
serré qui revêt les saillies et les dépressions formées par les
faisceaux écartés [1]. Mais ces fentes étoilées se distinguent
des espaces stellaires compris entre les faisceaux conjonctifs
du derme par la présence d'une couche continue d'endothélium
caractéristique des canaux lymphatiques. Cet endothélium
est constitué par des cellules plates qui se moulent sur toutes
les saillies et anfractuosités de la lacune, et qui présentent un
gros noyau vésiculeux nucléolé. Ce noyau, en se gonflant
considérablement sous l'influence des réactifs, fait saillie sur
le côté libre de la cellule, de telle sorte que la coupe d'un capillaire lymphatique paraît à un faible grossissement comme
bordée à l'intérieur par une rangée de petites perles. (*Pl. XII,
fig. 2.*)

Il est impossible de confondre les espaces capillaires que

---

[1] *Voy.* les leçons de Ranvier, publiées dans le *Mouvement médical*, 1873.

nous venons de décrire avec les espaces ordinaires du tissu conjonctif tapissés par les cellules plates découvertes par M. Ranvier, cellules dont les noyaux sont à l'état normal beaucoup moins volumineux, se gonflant beaucoup moins facilement et se colorant beaucoup plus par le carmin que les endothéliums lymphatiques. Dans les fentes que nous venons de décrire on trouve en outre presque constamment des cellules endothéliales desquamées qui se montrent sous forme de vastes plaques irrégulières, à bords dentelés, avec un noyau faisant saillie sur le côté, et qui se plissent comme des étoffes. Sur la peau injectée, dans les points où la matière colorante a pénétré moins complétement, on retrouve cette bordure endothéliale à la périphérie de la lacune.

Cette disposition anatomique des capillaires lymphatiques est surtout visible quand, par suite de certaines lésions de la peau, les lacunes ont pris un développement parfois considérable. C'est à cet état de dilatation que je les ai décrites en 1872, sous le nom de lacs ou lacunes lymphatiques du derme; mais elles existent dans tous les tissus fibreux avec les caractères que je viens de leur assigner; elles ne sont difficiles à distinguer dans la peau saine et sans injection préalable que parce qu'elles s'aplatissent sous l'influence du réseau élastique qui les borde et qui les efface en revenant sur lui-même; mais on voit qu'il est impossible de les confondre avec les capillaires sanguins vides à cause de l'absence de paroi propre, et avec les espaces stellaires du tissu fibreux, à cause de la présence d'un revètement endothélial caractéristique et continu[1].

Les lymphatiques profonds de la peau appartiennent au contraire à la catégorie des gros troncs lymphatiques, et possèdent une paroi propre formée par du tissu conjonctif et des

---

[1] Young avait déjà vu que la couche superficielle du chorion renferme des lympathiques, mais il avait admis à tort qu'ils accompagnent et peut-être même entourent les vaisseaux sanguins. Il décrivait l'endothélium caractéristique et la couche du tissu fibrillaire sur laquelle il repose, mais il ne vit nullement que ces canaux sont creusés dans le tissu conjonctif de manière à constituer de véritables espaces lymphatiques en forme de lacunes. (Young, *zur Anatomie der œdematæsen Haut.* — Sur l'anatomie de l'œdème de la peau. Wiener, *Acad. Ditzungber*, LVII, p. 951, 1868.)

fibres musculaires lisses qui s'entrecroisent dans tous les sens. Il résulte de là que leur section paraît circulaire quand ils sont remplis par une injection ou par du pus ; mais, comme tous les lymphatiques de l'économie, ils se confondent insensiblement à leur périphérie avec le tissu conjonctif ou adipeux avoisinant, au milieu duquel ils paraissent simplement creusés. Les plus gros troncs lymphatiques, du reste, et le canal thoracique lui-même n'échappent point à cette loi. Ce fait, nous le verrons plus tard, est d'une importance très-grande pour l'explication de certaines lésions des vaisseaux lymphatiques qu'on rencontre fréquemment dans l'érysipèle et l'œdème. Il n'était donc pas inutile de le constater ici.

CHAPITRE I. — *De l'état de la peau dans l'érysipèle.*

§ Ier. — *Historique.*

L'anatomie pathologique de l'érysipèle n'a commencé à être véritablement étudiée que dans ces cinq dernières années. — Jusque-là de nombreuses hypothèses avaient été, à la vérité, formulées au sujet de la nature probable de cette affection ; mais leurs auteurs, disposant de moyens imparfaits d'investigation anatomique, n'ont pu fournir le plus souvent, à l'appui de leurs théories, que des preuves indirectes ou même de simples arguments plus ou moins plausibles. C'est ainsi que Sanson et son école étaient arrivés à distinguer deux sortes d'érysipèles : l'un veineux, l'autre lymphatique, et que Blandin admettait l'existence constante dans cette affection cutanée de deux facteurs anatomiques principaux ; le

premier, la *lymphangite*, prédominant dans l'érysipèle traumatique, le second la *cutite*, prédominant dans l'érysipèle
spontané. Cette conception de Blandin, toute hypothétique
qu'elle fût au moment où elle a été formulée, et tout exagérée
qu'elle soit dans sa division dichotomique, se rapproche, on le
verra, singulièrement de la vérité.

Je n'entreprendrai pas de faire ici l'histoire de toutes les
autres théories anatomiques de l'érysipèle ; il suffira de dire
que les uns, avec Ribes, Copland, Cruveilhier, persuadés que
toute inflammation était une phlébite capillaire, faisaient jouer
à cette dernière le rôle capital dans l'érysipèle. Les autres,
et récemment encore M. Arm. Desprès [1], n'admettaient pas
que le siége des lésions de l'érysipèle pût être placé ailleurs
que dans le réseau lymphatique de la peau.

C'est à M. Vulpian que revient l'honneur d'avoir fait entrer
enfin l'anatomie pathologique de l'érysipèle dans une voie
véritablement scientifique. Dans une très-courte note publiée
en mars 1868 [2] il annonça que, contrairement à l'opinion des
auteurs classiques, il n'y a pas seulement dans l'érysipèle
une simple congestion du derme accompagnée d'exsudation
séreuse, mais que la peau renferme en outre un grand nombre
de globules blancs disséminés irrégulièrement, sans tendance
aucune à suivre le trajet des vaisseaux sanguins hyper-
plasiés.

Cette importante observation avait déjà paru depuis près
de six mois, lorsque MM. Volkmann et Steudner ayant observé à Halle un certain nombre d'érysipèles dont plusieurs
furent mortels, publièrent dans le *Centralblatt* [3] le résultat de
leurs recherches histologiques, et le formulèrent de la manière suivante.

C'est une infiltration de globules blancs dans le derme qui
constitue pour MM. Volkmann et Steudner la lésion caractéristique de l'érysipèle. Ils ont pris soin de spécifier qu'il
n'existe aucune trace évidente de multiplication dans les cellules fixes du tissu conjonctif, et que ces éléments présentent
simplement un peu de tuméfaction granuleuse. Cette infiltra-

[1] *Traité de l'érysipèle*, 1862.
[2] *Archives de physiologie*, 1868.
[3] Zur pathol. Anat. der Erysipelas. *Centralblatt*, 15 août 1868.

tion commence le long des vaisseaux, et de là pénètre dans tous les sens jusque dans les parties les plus profondes de la peau, où l'on voit les globules blancs s'*interposer* entre les vésicules adipeuses. Enfin, dans les parties superficielles du derme, les troncs lymphatiques s'entourent ou se remplissent de cellules migratrices.

En résumé, MM. Volkmann et Steudner admettent qu'il se produit dans l'érysipèle une *inflammation* très-passagère, bien que très-profonde, et ne différant du phlegmon qu'en ce qu'elle ne détermine pas la fonte de la substance intercellulaire du tissu conjonctif. Dans cet ordre d'idées, l'inflammation serait, on le voit, caractérisée simplement par l'issue des globules blancs hors des vaisseaux et leur infiltration dans le tissu du derme. Cette conclusion découlait naturellement, à l'époque où elle fut formulée, de la théorie nouvelle de Cohnheim, qui refusait à la prolifération des cellules fixes toute participation dans les phénomènes inflammatoires. Des travaux plus récents sur la question ont amené au contraire la majorité des histologistes à considérer la prolifération des cellules plates du tissu conjonctif comme l'un des termes les plus importants du processus inflammatoire, et je pense qu'en particulier pour le derme, c'est dans la multiplication même des éléments cellulaires fixes qu'il faut chercher la caractéristique de l'inflammation véritable de cette membrane, car tout œdème de la peau s'accompagne d'une infiltration souvent considérable de globules blancs.

Depuis la publication de MM. Volkmann et Steudner jusqu'au mois de mars dernier, on n'ajouta que fort peu de chose à l'étude anatomique de l'érysipèle. Cependant peu après que j'eus décrit dans l'œdème lymphatique de vastes lacunes tapissées d'un épithélium particulier et distendues par la lymphe, lacunes que je considérais comme des capillaires lymphatiques[1], M. Liouville annonca à la Société de biologie qu'il avait trouvé dans la peau érysipélateuse ces mêmes lacunes pleines de pus[2]. Plus tard, M. Cadiat[3] dit avoir trouvé de son

---

[1] *C. rend. Soc. biolog.* 11 mai et 8 juin 1872.

[2] H. Liouville, sur l'Etude des lymphatiques dans l'érysipèle. Juillet 1872.

[3] Examen histologique des lymphatiques dans l'érysipèle. *Soc. anat.*; 14 février 1873, p. 134.

côté du pus dans les gaines lymphatiques des vaisseaux sanguins de la peau. Cette assertion m'a paru peu fondée, car on n'a pas encore démontré dans la peau l'existence de pareilles gaînes.

Tel était l'état de la question au moment où je communiquai à la Société de biologie le résultat de quelques recherches sur l'anatomie pathologique de l'érysipèle. Je me propose de développer et de compléter ma communication dans le paragraphe suivant ; je n'en reproduirai donc pas ici le texte primitif[1].

§ II. — *Infiltration. — Prolifération — Lésions des capillaires lymphatiques*

La description qui va suivre est fondée sur l'examen anatomique d'un assez grand nombre de pièces recueillies sur des sujets morts d'érysipèle, soit spontané, soit traumatique. Comme je n'ai trouvé aucune différence au point de vue anatomique entre l'érysipèle consécutif à des plaies ou produit spontanément, je ne ferai entre eux aucune distinction dans la description.

Sur le cadavre, la peau atteinte d'érysipèle ne présente plus la coloration carminée si vive qu'on a considérée, avec raison, comme l'un des caractères cliniques importants de cette affection. Le bourrelet périphérique est peu sensible, mais ordinairement le tégument de couleur rouge sombre ou livide, légèrement œdémateux et conservant l'empreinte du doigt, a gardé sur les points où l'éruption était intense cet aspect rude et chagriné sur lequel insistait Borsieri. Qand on incise la peau, elle paraît épaissie, sa cohésion est augmentée, son adhérence au tissu adipeux sous-cutané l'est aussi, de telle sorte que le derme proprement dit ne glisse plus sur les couches profondes et qu'il est possible de faire en même temps assez facilement, avec un rasoir bien tranchant, une coupe nette de la peau et des tissus subjacents. D'une manière générale, on peut comparer cet état à celui que présenterait la peau congelée.

Si l'on vient à examiner au microscope les éléments obtenus

---

[1] Voy. *C. rend. Soc. biolog.*, mars 1873.

par le simple râclage pratiqué à la surface d'une coupe nette, on reconnaît la présence d'une quantité innombrable de globules blancs, absolument semblables à ceux du sang ou de la lymphe, et des cellules plates du tissu conjonctif à l'état de tuméfaction granuleuse. Une préparation du tissu conjonctif sous-cutané faite par la méthode des injections interstitielles[1] ne montre rien de plus que ce qu'on observe dans l'œdème inflammatoire aigu qui sera décrit plus tard en son lieu.

Cette dernière méthode étant inaplicable à l'examen de la peau, il est nécessaire de pratiquer dans celle-ci des coupes minces. On fait durcir les lambeaux qu'on veut examiner en les plongeant successivement dans l'acide picrique, la gomme en solution sirupeuse, et l'alcool, et l'on obtient au bout de 6 à 8 jours un durcissement suffisant pour pratiquer des sections perpendiculaires à la surface d'une finesse extrême ; celles-ci sont ensuite colorées au picrocarminate d'ammoniaque et examinées dans la glycérine ou dans l'eau. Sur de pareilles préparations il est facile de suivre dans ses détails l'évolution anatomique d'un érysipèle.

Le premier fait qu'on observe est l'infiltration de la peau par les globules blancs, signalée par M. Vulpian et par MM. Volkmann et Steudner. Comme ces derniers l'ont fait remarquer avec raison, cette infiltration se fait d'abord le long des vaisseaux sanguins, qui sont eux-mêmes dilatés et forment une belle injection naturelle : au début de l'érysipèle ou sur un point situé à la limite de l'éruption, les îlots de globules blancs ne se trouvent même qu'autour des ramifications vasculaires, et quand la coupe a sectionné celles-ci perpendiculairement à leur direction et à celle des faisseaux de tissu conjonctif, ces derniers semblent s'écarter pour faire place aux cellules embryonnaires. Il en résulte un îlot anguleux dont le vaisseau sanguin occupe le milieu et qui est rempli par des globules blancs. C'est très-probablement cet aspect qui a conduit M. Cadiat à admettre une accumulation de globules blancs dans des gaînes lymphatiques périvasculaires,

---

[1] C'est-à-dire en injectant à l'aide de la seringue de Pravaz une solution de nitrate d'argent à 1/1000 dans le tissu cellulaire. On obtient une boule transparente dont on enlève des fragments à l'aide de ciseaux courbes. On a ainsi effectué une dissociation parfaite du tissu conjonctif lâche.

mais l'absence de membrane fibrillaire au bord de la lacune et celle de l'endothélium caractéristique suffisent pour empêcher toute confusion.

Sur les points où l'érysipèle offre une grande intensité, l'infiltration de globules blancs cesse d'être limitée au pourtour des vaisseaux sanguins. Elle a lieu dans tout le derme. On voit alors de petites cellules s'insinuer entre les faisceaux du tissu conjonctif, les recouvrir par places, se disposer en séries ou en îlots, suivant certaines lois que nous allons étudier tout à l'heure.

Ces globules blancs sont tout à fait reconnaissables ; il ne sauraient être confondus ni avec les cellules fixes du tissu conjonctif, ni avec les endothéliums vasculaires. Leurs dimensions varient de 5 à 12 millièmes de millimètre. Ce sont des petites masses sphériques de protoplasma grenu, au milieu desquelles existe un noyau non vésiculeux qui se colore en rouge intense par le carmin. Les cellules fixes du tissu conjonctif, au contraire, sont munies d'un noyau vésiculeux elliptique et nucléolé, faisant saillie au milieu d'une plaque mince de protoplasma appliquée à la surface des faisceaux; les dimensions de ces éléments, comparées à celles des globules blancs, sont considérables.

L'absence d'un abondant exsudat fibrineux constitue dans le cas ordinaire une différence très-importante entre l'érysipèle et le phlegmon de la peau. Il est excessivement rare de trouver dans le derme enflammé par l'érysipèle un véritable réticulum de fibrine ; mais le liquide transsudé, qui sert pour ainsi dire de plasma aux globules blancs infiltrés, diffère néanmoins de celui de l'œdème simple en ce qu'il contient une certaine quantité de substance coagulable. Celle-ci forme entre les fibres du derme un précipité granuleux très-fin, comme on peut s'en convaincre par l'examen de la fig. 1, pl. XII.

L'infiltration globulaire peut être assez abondante pour remplir absolument, sur certains points, toutes les mailles du derme : de sorte que, comme l'ont fait remarquer MM. Volkmann et Steudner, le champ tout entier du microscope est rempli de globules blancs. J'ai vu, dans un cas, notamment, la presque totalité du derme bourrée de la sorte par les éléments embryonnaires, mais ordinairement il existe pour les cellules migratrices de véritables lieux de rassemblement. C'est d'abord le voisinage des vaisseaux sanguins, des poils qui traversent la peau, et dans les couches profondes, le voisinage des glandes sudoripares. Sur ces points, les globules infiltrés forment de véritables lacs compris dans l'écartement des faisceaux conjonctifs du derme. Mais les rapports des globules blancs avec les lacunes ou capillaires lymphatiques méritent de nous arrêter un instant.

Dans les érysipèles même assez peu intenses par l'éruption, et dans lesquels il n'existe nullement de lymphangite profonde, les capillaires lymphatiques semblent être l'aboutissant des globules blancs infiltrés, comme d'un autre côté les vaisseaux sanguins paraissent être leur point d'origine. Si l'on examine l'état des capillaires lymphatiques de la peau sur plusieurs points différents d'une même coupe, on voit d'abord les globules blancs former des groupes au pourtour de la fente et se ranger en série entre les faisceaux de tissu conjonctif avoisinant; bientôt l'accumulation des globules autour du capillaire, jointe à la présence d'un exsudat granuleux, masque complétement le tissu conjonctif. Sur d'autres points enfin, la fente elle-même est cachée par une grande quantité de cellules accumulées dans sa cavité et à son pourtour. En abaissant l'objectif, on la découvre cependant, et la présence de son épithélium et de sa bordure fibrillaire suffisent pour la faire reconnaître; mais sans cette constatation, il serait hasardeux d'affirmer qu'un îlot de globules blancs accumulés et pressés les uns contre les autres, est bien contenu dans une lacune lymphatique. Cette distinction ne me paraît pas avoir été faite suffisamment par les auteurs qui ont parlé de *pus accumulé dans les capillaires lymphatiques du derme*, notamment par MM. Liouville et Lordereau. (Voy. *pl. XII, fig. 2* et 3.)

Il est néanmoins certain que les lymphatiques du derme doivent être considérés comme l'aboutissant ordinaire des cellules migratrices. Dans les parties profondes de la peau, les rubans réguliers de globules blancs signalés par MM. Volkmann et Steudner m'ont paru devoir être rapportés aux lymphatiques profonds de la peau qui sont munis d'une membrane propre et que j'ai souvent rencontrés distendus par des éléments cellulaires identiquement semblables à ceux qui infiltrent le derme.

Le phénomène qui vient d'être décrit constitue dans l'érysipèle le premier terme de l'infiltration de la peau. Ce phénomène répond exactement à l'œdème inflammatoire, et il est dû à la même cause, c'est-à-dire à la congestion excessive du réseau vasculaire sanguin. Un second terme reste actuellement à chercher : à savoir, l'existence de la prolifération des cellules fixes qui, réunie à l'œdème inflammatoire, peut seule permettre d'affirmer que l'érysipèle est une inflammation véritable de la peau, et non un cas particulier de l'œdème de cette membrane.

Dans sa courte description des lésions de la peau dans l'érysipèle, M. Vulpian n'avait pas indiqué de modifications survenues dans les cellules fixes du tissu conjonctif ; de leur côté, MM. Volkmann et Steudner avaient expressément nié toute espèce de prolifération dans ces éléments. Ils avaient néanmoins d'autant mieux admis une inflammation dans l'érysipèle, que leur observation cadrait avec la théorie de Cohnheim, alors très en faveur en Allemagne. Je crois avoir été le premier à démontrer par mes préparations l'existence de cette prolifération qui se rencontre toujours dans les érysipèles en pleine activité.

C'est surtout dans les parties profondes du derme, dans le tissu conjonctif qui avoisine le tissu adipeux, qu'on la rencontre ordinairement. Tout d'abord, les cellules plates disposées à la surface des faisceaux de tissu conjonctif se gonflent, leur protoplasma devient granuleux, les noyaux deviennent beaucoup plus gros et vésiculeux, puis s'étirent en sablier, et finalement se divisent. Il en résulte un tissu conjonctif extrêmement riche en cellules plates, qui se disposent en série entre les faisceaux, de manière à se toucher. La figure 1 montre le début de ce processus, qui se continue avec plus ou moins d'activité, surtout au niveau des couches stratifiées de tissu conjonctif lamelleux qui entoure le bulbe des poils, et dans les travées de tissu adipeux qui cloisonnent les îlots. Avec un peu d'attention, il est facile de suivre, sur de bonnes préparations, tous les états intermédiaires entre les cellules fixes du tissu conjonctif et les cellules embryonnaires qui résultent de leurs segmentations successives. Rien n'est du reste plus aisé que de distinguer au début les cellules plates en prolifération des globules blancs infiltrés dans le derme, les dimensions de ces derniers étant trois ou quatre fois moindres, et leurs petits noyaux n'ayant jamais l'apparence vésiculeuse.

Le tissu adipeux sous-cutané prend à l'inflammation de la peau une part considérable, dès que l'érysipèle a acquis son maximum d'activité. Au début, dans les points de la peau seulement atteints par l'œdème inflammatoire, et qui n'ont pas encore acquis l'aspect tendu et la dureté caractéristiques, on ne trouve que peu ou point de modifications dans les vésicules adipeuses ; mais, sur les portions de la peau plus malades, on trouve constamment les vésicules séparées les unes des autres par d'épaisses travées de tissu embryonnaire. Très-souvent aussi, la gouttelette de graisse centrale est séparée de la membrane anhiste de la vésicule adipeuse par une couronne de cellules jeunes. Ces caractères sont absolument ceux du tissu adipeux embryonnaire; ils sont identiques à ceux qu'on détermine dans le tissu adipeux par les irritations expérimentales. Il y a donc bien là une véritable *inflammation du tissu adipeux avec multiplication de ses éléments propres.*

Naturellement, MM. Volkmann et Steudner avaient considéré la présence de cellules embryonnaires entre les vésicules adipeuses comme un fait pur et simple d'infiltration. Je ne saurais adopter cette manière de voir. Il se peut qu'un certain nombre de cellules migratrices pénètre dans le tissu adipeux, mais ce fait est entièrement distinct de la multiplication des cellules propres de la vésicule adipeuse.

§ III. — *Lymphangite profonde dans l'érysipèle.*

L'inflammation proprement dite des vaisseaux lymphatiques profonds du derme est loin d'être un phénomène constant dans l'érysipèle. Nous avons vu les globules blancs se rassembler autour des fentes lymphatiques, les remplir et les distendre. On sait aussi que les glandes lymphatiques correspondantes se tuméfient régulièrement, et ces faits concourent à prouver que l'activité du système lymphatique devient très-grande en pareil cas ; mais on ne voit pas dans tous les érysipèles les troncs lymphatiques proprement dits participer à l'inflammation. Cependant, comme cette complication se produit environ une fois sur quatre, il n'est pas inutile de la décrire.

Les lymphatiques enflammés ne sont pas très-distincts dans les parties superficielles du derme, où ils sont constitués par de simples fentes. Lorsque la lymphangite existe profondément, ces fentes disparaissent même sous une énorme accumulation de globules blancs qui forment de grands îlots étoilés, mais dès que les lymphatiques sont munis d'une paroi propre, ce qui arrive vers le tiers inférieur de l'épaisseur du derme, ils apparaissent, soit comme de larges rubans sinueux, soit sous forme de cercles, ou d'ellipses très-régulières, ayant trois ou quatre fois le diamètre des plus gros vaisseaux sanguins de la peau, et sont distendus par des globules blancs qui leur forment une injection naturelle. On reconnaît facilement ces lymphatiques à l'absence de globules rouges dans leur cavité, à la fine couche de fibres élastiques disposées en réseau qui les borde, et de laquelle partent, en divergeant vers le tissu conjonctif voisin, des réseaux élastiques moins serrés. On voit entre ces réseaux la coupe des faisceaux du tissu fibreux dans lequel le troncule lymphatique est creusé. Il n'y a point là, en effet, de tuniques distinctes comme dans les vaisseaux sanguins d'ordre correspondant (Voy. *pl. XII, fig.* 4).

De même que dans la lymphangite suraiguë des gros troncs, on ne trouve ici dans le vaisseau dilaté par les globules blancs aucune trace de la prolifération de son endothélium, si marquée dans certaines variétés de lymphangites [1]. Cet endothélium est entièrement détruit, probablement à la suite d'une endolymphangite extrèmement intense et rapide.

L'inflammation envahit du reste toutes les couches de tissu conjonctif qui forment la paroi du vaisseau. On voit les cellules embryonnaires accumulées se disposer en séries entre les fibres conjonctives, de sorte que, sur plusieurs points, l'inflammation interstitielle a produit autant de jeunes cellules

---

[1] *Voy.*, à ce sujet, *Soc. anat.*, 1872, 4e trimestre, les communications de Thaon, et depuis celles de Debove et de Troisier, au sujet des lymphangites symptomatiques du cancer pulmonaire.

autour du lymphatique que dans la cavité. Le vaisseau coupé paraît alors comme un cercle au milieu d'un îlot étoilé de tissu embryonnaire. Il y a donc à la fois *endolymphangite* et *périlymphangite* : la fig. 4, pl. XII montre bien cette double lésion dans un lymphatique du tissu adipeux sous-cutané.

Sur les points où le vaisseau enflammé traverse le pannicule, le tissu adipeux revient en effet à l'état embryonnaire bien plus activement que partout ailleurs, et l'aspect étoilé dont je viens de parler est encore plus évident. Comme dans le tissu cellulaire sous-cutané, les troncs lymphatiques, semblables en cela aux vaisseaux sanguins, sont toujours entourés d'un certain nombre de vésicules adipeuses, cette périlymphangite me paraît devoir être considérée comme la principale cause de l'induration qui accompagne la lymphangite profonde, et détermine sur le trajet du tronc enflammé l'apparition d'un cordon noueux. On pourrait aussi se demander, avec quelque vraisemblance, si la rougeur de la lymphangite ne tient pas simplement à la distension par le sang des capillaires si nombreux du tissu adipeux enflammé, car il n'est pas permis un seul instant de supposer que cette rougeur puisse être due à l'injection du lymphatique par des globules blancs, du pus ou de la lymphe accumulée. Dans l'érysipèle, en particulier, la rougeur en réseau qu'on observe parfois au début de l'éruption pourrait être rapportée à la périlymphangite des réseaux profonds du derme, et l'inconstance de la lymphangite elle-même pourrait expliquer celle de l'aspect réticulé de la rougeur. Il est bien entendu, d'ailleurs, que je ne formule ici qu'une simple hypothèse qui pourra se vérifier ou s'infirmer plus tard.

Un fait qui paraît très-important pour établir la part que prend le système lymphatique à l'érysipèle, est l'état des ganglions. On sait qu'ils sont à peu près constamment pris dans cette affection. J'ai constaté que ces glandes présentent à un haut degré des traces d'inflammation, consistant dans l'accumulation d'une grande quantité de cellules lymphatiques dans leur stroma réticulé. Leurs cellules fixes participent aussi activement à l'inflammation et se multiplient souvent au point de prendre l'apparence de plaques à noyaux multiples, tant leur prolifération est rapide et active.

§ IV. — *Des phlyctènes et des phlycténules dans l'érysipèle.*

L'étude des phlyctènes dans l'érysipèle n'a été faite jusqu'à présent que par M. Lordereau [1], et d'une manière tout à fait incidente. Il a vu « qu'elles se creusent dans l'épaisseur du réseau de Malpighi, de façon à ne pas dénuder le derme, qu'il reste toujours à la surface des papilles au moins une couche de cellules, ordinairement beaucoup plus, presque tout le corps muqueux; que les cellules qui forment la paroi intérieure de la phlyctène apparaissent comme augmentées de volume et sphériques, sans crénelures, comme si elles avaient été distendues par le liquide infiltré. »

Cet auteur n'a pu d'ailleurs suivre le développement de la phlyctène dans l'érysipèle, et n'a pas étudié l'exsudat qu'elle renferme. Il a admis, par analogie, qu'elle se formait comme les pustules consécutives aux applications de teinture d'iode, d'huile de croton ou de pommade stibiée, ou bien que le liquide exsudé écartait mécaniquement les cellules les unes des autres. Les véritables phlyctènes ne se forment nullement par ce procédé, pas plus dans l'érysipèle que dans les autres irritations de la peau qui s'accompagnent de productions bulleuses.

Dans la partie moyenne du corps muqueux de Malpighi intermédiaire à la couche profonde de cellules implantées verticalement sur les papilles, et la couche granuleuse qui limite inférieurement l'épiderme corné, on observe toujours à un haut degré, dans l'érysipèle, cette altération des cellules que M. Ranvier a désignée sous le nom de transformation vésiculeuse des noyaux par dilatation des nucléoles [2]. Cette lésion est surtout marquée au voisinage des phlyctènes. Or, on sait que la cellule épidermique ainsi modifiée ne peut accomplir normalement son évolution, dont le stade terminal consiste à sécréter la matière cornée qui la soude à ses voisines, pour former un épiderme résistant. Il s'ensuit une desquamation plus ou moins large selon que cette petite lésion est plus ou moins étendue, aussi la trouve-t-on constamment dans les irritations de la peau où l'épiderme s'exfolie.

[1] Thèse, 1873.

[2] Structure des exostoses sous-unguéales, par M. Ranvier, *Journal d'Anatomie*, 1866, page 656.

C'est à cette cause, jointe à l'augmentation de pression amenée par l'œdème dans les couches superficielles de la peau,
qu'est due l'apparition de la phlyctène. L'épiderme, qui a
perdu sa solidité par le mécanisme que nous venons de décrire, cède à son point le plus faible, c'est-à-dire au niveau de
la couche granuleuse. Il se soulève alors, et il se fait rapidement une exsudation dans la cavité ainsi produite.

Le liquide accumulé dans la phlyctène contient en suspen-
sion une grande quantité d'éléments cellulaires libres. Ce
sont des globules blancs tout à fait semblables à ceux infiltrés dans le derme, et un certain nombre de globules rouges ;
je n'ai jamais vu ces derniers manquer. Au bout d'un certain
temps, il se forme au sein de l'exsudat, riche en substance fibrinogène, un réticulum de fibrine très-fin qui cloisonne la
cavité d'une manière très-élégante, en emprisonnant dans
ses mailles les globules rouges et blancs. Ordinairement le
réseau fibrineux s'élève du plancher de la phlyctène vers sa
voûte en formant des séries superposées d'arcades régulières.

Dans les phlyctènes, l'exsudat accumulé contient donc les
éléments du sang ; le fait est aussi constant dans l'érysipèle
phlycténoïde que dans le pemphigus et même dans l'herpès.
J'ai pu constater depuis très-longtemps cette particularité,
qui explique pourquoi, dans le zona, il y a toujours une ou
deux vésicules hémorrhagiques. D'où proviennent maintenant
ces éléments ? Il est infiniment probable qu'ils ont leur origine
dans les cellules migratrices dont le derme est rempli, car on
voit celles-ci s'accumuler au voisinage de la bulle et au-dessous d'elle, comme pour faire irruption dans la phlyctène (?).

Je ne discuterai pas ici la question de savoir si le contenu
de la phlyctène, tel qu'il vient d'être décrit, contient en outre
des bactéries et des microphytes particuliers, comme l'a affirmé
Orth (de Bonn) [1]. J'ai trouvé, il est vrai, dans l'épiderme, des
spores rangées entre les différents lits de cellules cornées, et
cela aussi bien dans l'érysipèle que sur la peau absolument
saine. Il est du reste très-fréquent de trouver différents ger-
mes dans les couches superficielles de l'épiderme, en dehors
de tout état pathologique défini.

[1] *Schmidt's Iarbucher,* 1872, n° 12, p. 325.

Il existe dans l'érysipèle une autre lésion de la peau un peu différente de la phlyctène, je veux parler de l'état anatomique de l'épiderme correspondant aux petites élevures qui rendent la peau rugueuse dans la forme que Borsieri appelait *Erysipelas scirrhodes*, et qui lui donnent l'apparence de la peau d'orange. Les petites vésicules qu'on observe dans ce cas ont une toute autre origine que les phlyctènes ; leur mode d'évolution les rapproche beaucoup des pustules. On voit à leur niveau, dans la couche moyenne du corps muqueux, des masses opalescentes très-réfringentes, ne se colorant pas par le carmin, se développer dans le protoplasma des cellules épidermiques, grossir, refouler latéralement le noyau, et donner lieu en fin de compte à d'énormes cellules vésiculeuses qui s'ouvrent les unes dans les autres. Dans les cavités ainsi produites, on voit des cellules épidermiques à protoplasma granuleux, semblables à celles de l'épiderme embryonnaire, et contenant un ou plusieurs noyaux vésiculeux. A côté d'elles on rencontre des globules blancs. Ces derniers ne sont vraisemblablement que des cellules migratrices qui traversent la couche profonde du corps muqueux, et pénètrent ensuite dans la petite cavité formée au centre de la lésion par suite de la rupture des cellules vésiculeuses. C'est du reste par un mécanisme analogue que se forment les pustules varioliques ou celles consécutives à l'action du croton et du tartre stribié sur la peau.

On conçoit facilement par ce qui précède que la phlyctène, à l'inverse de la pustule, ne détermine dans la peau aucune production cicatricielle, la partie profonde du corps muqueux n'étant pas détruite. Cette petite lésion se développe d'ailleurs d'une façon très-régulière sur la peau érysipélateuse; on peut dire qu'elle est éphémère, car les phlyctènes ne mettent ordinairement pas plus d'un jour pour accomplir leur évolution.

§ V. — *Evolution des lésions cutanées dans l'érysipèle.*

La description qui précède se rapporte à l'érysipèle observé dans sa période d'état. Il reste à rechercher maintenant le mode d'évolution des lésions elles-mêmes, et la première question qui se présente, c'est de savoir quels sont les résultats ultérieurs de l'infiltration des globules blancs dans le derme et de la prolifération des cellules fixes.

Deux cas peuvent se présenter. Ou l'érysipèle se termine simplement par résolution, ou il se produit du pus dans la peau. Il est rare que cette dernière suppure [1], mais assez souvent, dans les érysipèles intenses, on trouve dans le derme un certain nombre d'îlots formés par des globules de pus. Ces globules sont parfois disposés en nappes dans les parties les plus superficielles du derme, notamment au-dessous des phlyctènes ou dans leur voisinage. On les distingue facilement des globules blancs infiltrés, en ce qu'ils sont formés d'une masse sphérique de protoplasma devenu entièrement graisseux, et que leur noyau ne se colore plus par le carmin. Ils proviennent vraisemblablement des cellules embryonnaires qui, en vertu d'influences encore ignorées, ont cessé de trouver dans le derme où elles étaient infiltrées des conditions favorables au maintien de leur vitalité, et qui sont ainsi mortes sur place. Dans la majorité des cas, ces globules purulents subissent la désintégration granulo-graisseuse et sont probablement résorbés par les lymphatiques, car peu de jours après la disparition de la rougeur érysipélateuse, on ne les retrouve plus dans la peau.

Dès que la rougeur de l'érysipèle a disparu, les globules blancs encore actifs infiltrés dans le derme commencent à disparaître avec une grande rapidité. Trois ou quatre jours après la fin de l'éruption, on ne trouve plus dans la peau qu'un très-petit nombre de cellules en dégénérescence granuleuse, ou même simplement un détritus granuleux. Mes observations concordent sur ce point avec celles de M. Vulpian et de MM. Volkmann et Steudner. M. Charcot va plus loin ; il a admis dans ses dernières leçons (1873, cours de la Faculté), que l'érysipèle peut évoluer en douze heures.

Comment se fait l'élimination des cellules embryonnaires ? Les premiers, MM. Volkmann et Steudner, ont émis l'hypothèse de la résorption par les lymphatiques, tout en en proposant une autre, celle de la disparition par fonte sur place. Je crois pouvoir déduire des faits que j'ai observés, que les

---

[1] *Voy.*, à ce sujet, Lordereau, *loc. cit.*

lymphatiques prennent en effet une très-grande part à la résorption des globules blancs infiltrés.

Je ne chercherai nullement à démontrer ici comment cette
résorption est possible. Il suffit de se reporter simplement à
ce que l'on sait de la structure du derme et des propriétés des
cellules migratrices pour en concevoir la possibilité ; mais
comme j'ai constamment vu dans mes préparations les globules blancs s'amasser autour des capillaires lymphatiques,
puis s'accumuler dans leur cavité, et que dans un cas j'ai
montré[1] tous les lymphatiques du derme remplis de globules
blancs parfaitement identiques aux globules infiltrés, je crois
pouvoir admettre que la rapide disparition de ces éléments
tient à ce qu'ils sont largement repris par les lymphatiques de
la peau. Dans cette hypothèse, le phénomène de l'infiltration
du derme aurait pour premier terme la diapédèse des globules
blancs à travers la paroi des vaisseaux (le long desquels, en
effet, ils apparaissent en premier lieu), et pour dernier terme,
la résorption par les lymphatiques, autour desquels ils s'a-
massent toujours en quantités considérables, dans lesquels
enfin on les voit parfois accumulés si abondamment qu'ils
injectent pour ainsi dire tout le système lymphatique de la peau.

On conçoit qu'il faudrait suivre heure par heure, pour ainsi
dire, l'évolution d'un érysipèle pour pouvoir affirmer que la
pénétration des globules blancs en masse dans les lymphatiques n'est pas un phénomène constant. Il est bien évident,
en effet, que dans un processus aussi rapide que l'érysipèle,
on ne constate dans les gros troncs lymphatiques du derme
que très-peu de chose avant le moment précis où se fait le départ des globules infiltrés. Il est donc très-facile de passer à
côté de la lésion du système lymphatique, et cela parce que
l'examen anatomique aura été pratiqué trop tôt ou trop tard.

En ce qui regarde l'origine même des globules blancs, nous
adopterons la théorie de Cohnheim, qui paraît en effet la plus
vraisemblable. M. Malassez, en démontrant qu'au début de
l'érysipèle le nombre absolu des globules blancs diminue
dans le sang, a produit un argument de plus en faveur de
l'idée de la diapédèse.

[1] *C. rend. Soc. biolog.*, mars 1873.

§ VI. — *Conclusions.*

Je crois pouvoir proposer, à la fin de ce chapitre, les conclusions suivantes, qui résument en quelques mots les faits précédemment exposés.

1° Les lésions produites dans la peau par l'érysipèle sont celles d'une inflammation simple, une *dermite ;* cette dernière, caractérisée par deux termes anatomiques : *a*) *l'infiltration des globules blancs* correspondant à l'œdème inflammatoire ; *b*) *la prolifération des cellules fixes*, moins passagère, et qui paraît jouer un rôle important dans les indurations consécutives à l'érysipèle.

2° L'infiltration des globules blancs dans le derme se fait par diapédèse. Les globules blancs sont apportés par les vaisseaux sanguins.

3° Ils sont repris en majeure partie par les lymphatiques, et, quand le transport est très-actif, ces derniers s'enflamment consécutivement. Il peut se produire une *endolymphangite*, une *lymphangite interstitielle* et une *périlymphangite*. Le passage des globules blancs dans les lymphatiques s'effectue au niveau des lacunes lymphatiques de la peau creusées au milieu des faisceaux du tissu conjonctif [1].

4° Dans l'érysipèle intense, le tissu adipeux s'enflamme, revient à l'état embryonnaire et prend une grande part à l'induration érysipélateuse primitive et consécutive.

On voit par ce qui précède que l'érysipèle ne produit dans la peau aucune lésion absolument caractéristique, mais bien une inflammation commune, une *dermite* fort peu différente de celle qu'on déterminerait en provoquant dans le derme une irritation expérimentale. Ce n'est pas à dire pour cela que l'érysipèle ne soit une affection tout à fait particulière ayant une place bien déterminée dans le cadre nosologique. Tout au contraire, j'ai essayé de démontrer que l'érysipèle n'est ni rien qu'une lymphangite, comme on l'a trop souvent répété, ni rien qu'une phlébite, ni qu'un phénomène pur de diapédèse, etc.... ; mais que c'est simplement une affection dont la

[1] *Voy.*, au sujet de la structure de ces lacunes, J. Renaut, Obs. pour servir à l'histoire de l'éléphantiasis et des œdèmes lymphatiques, *Arch. physiol.*,1872.

caractéristique ne se trouve pas plus dans les lésions anatomiques qu'elle amène dans la peau que dans chacune de ses
autres manifestations symptomatiques, si on les prenait isolément pour caractériser la maladie elle-même.

CHAPITRE II. — *Des lésions amenées dans la peau par les
différentes sortes d'œdèmes.*

D'après la définition qu'en ont donnée MM. Cornil et Ranvier[1], l'œdème est, au point de vue histologique, caractérisé
par un épanchement de sérosité albumineuse qui s'effectue
entre les faisceaux du tissu conjonctif et qui les écarte les
uns des autres. Cette sérosité ne contient point de substance
fibrinogène; car elle ne se coagule pas au contact de l'air, ni
après addition de globules rouges du sang. Cette propriété la
distingue des exsudats inflammatoires.

Les modifications éprouvées par le tissu conjonctif lâche
dans l'œdème ont été découvertes par M. Ranvier. « Les faisceaux sont écartés les uns des autres, séparés par de la sérosité
dans laquelle sont contenus des globules blancs plus nombreux qu'à l'état normal. Les cellules fixes sont devenues glo-
buleuses, leur protoplasma est semé de granulations de graisse
incomplétement formée, les vaisseaux sanguins sont gorgés
de globules rouges et renferment plus de globules blancs
amassés contre leurs parois ; enfin, dans les cellules adipeuses
on observe une transformation granulo-graisseuse du protoplasma situé entre la membrane de la vésicule et la gouttelette
adipeuse[2]. »

Il résulte de là que, dans l'œdème passif comme dans l'œdème
inflammatoire, on constate une infiltration de globules blancs
dans les mailles du tissu conjonctif, *phénomène que Cohnheim considérait comme caractéristique de l'inflammation.*
M. Ranvier a montré, en outre, que la tension exagérée du
sang dans les réseaux capillaires est la véritable cause du
départ de la sérosité et des globules blancs dans l'œdème, et
que, même en dehors de toute oblitération des veines, la trans-

---

[1] Cornil et Ranvier, Man. cit., p. 442 et suiv.
[2] Ranvier et Cornil, Man. cit.

sudation séreuse s'effectue toutes les fois que se produit l'atonie des vaisseaux. Il suffit pour cela de paralyser leurs fibres musculaires en détruisant l'action des vaso-moteurs.

Un grand nombre d'œdèmes se produisent dans la peau par ce mécanisme. Ce sont les œdèmes primitifs de cette membrane, tels que l'urticaire, l'érythème papuleux, etc. Mais il est rare que l'œdème généralisé de la peau de toute une région se montre primitivement, et quand il se produit, c'est le plus souvent sous l'influence d'une action névroparalytique. On voit quelquefois, par exemple, chez des sujets atteints d'hémorrhagie ou de ramollissement cérébral l'œdème cutané se montrer, pour ainsi dire, d'emblée sur tout le côté paralysé sans qu'on trouve à l'autopsie d'obstacle à la circulation en retour dans les veines de la peau.

Mais on sait que ce n'est pas ordinairement ainsi que se produit l'œdème cutané. Le plus souvent cet œdème est consécutif à celui du tissu cellulaire prolongé pendant longtemps. Au début, quand l'infiltration séreuse n'occupe encore que le tissu conjonctif lâche, la peau est luisante, tendue, lisse et polie. Quand on la déprime avec le doigt, on sent parfaitement que ce n'est pas elle-même qu'on écrase, mais bien les mailles du tissu subjacent infiltrées de sérosité. Au bout de quelques semaines, l'œdème, s'il persiste et s'il est intense, envahit le derme à son tour ; l'aspect de la peau change alors ; au niveau des parties œdémateuses elle ne donne plus au doigt la sensation d'une membrane mince et élastique enveloppant un membre infiltré, mais quand on la prend entre l'index et le pouce, de manière à former un pli, l'empreinte du doigt reste dans la peau elle-même, qui paraît épaissie et imprégnée d'une substance molle ; en même temps, sur certains points, apparaissent des taches blanches, isolées ou confondues de manière à former des sortes de réseaux. Ces taches font saillie comme le centre des papules de l'urticaire, et elles se prononcent quand on essaye de plisser la peau en les comprenant dans l'épaisseur du pli ; sur la peau de la partie supérieure et interne de la cuisse, au niveau du triangle de Scarpa et sur les parois abdominales, au-dessus du pli de Fallope, ces plaques œdémateuses sont ordinairement plus marquées. Souvent, à leur niveau, quand l'œdème subjacent est devenu excessif, l'épiderme s'éraille et se plisse finement comme dans les vergetures. Il peut enfin se rompre et il en résulte une crevasse par laquelle la sérosité s'écoule en dehors.

Les modifications histologiques subies par la peau dans cette forme d'œdème ont été encore peu étudiées. Il y a quelques années, Teichmann entreprit des recherches sur les modifications éprouvées par les vaisseaux lymphatiques dans ce cas; mais le travail le plus important est celui de M. Young[1], qui constata que dans la peau œdémateuse, outre les capillaires lymphatiques, on rencontre au milieu du derme de grands espaces remplis de liquide. Ces espaces sont circonscrits par des faisceaux épais de tissu conjontif fibrillaire, mais de plus fortes travées émanent des tractus, très-délicats pour la plupart, qui traversent la cavité dans tous les sens, et en forment un réseau des plus élégants. Ces cavités dépourvues de paroi propre communiquent les unes avec les autres de manière à former un véritable système caverneux; M. Young les considéra comme des espaces lymphatiques et pensa qu'elles étaient le siége même de l'œdème. Dans le liquide qui les gorgeait il trouva une grande quantité de globules blancs du sang.

La signification attribuée par M. Young à ces cavités cloisonnées ne se trouve nullement en rapport avec les connaissances actuelles sur la structure des vaisseaux lymphatiques du derme. Une semblable disposition semble surtout répondre à la description donnée par M. Ranvier de l'état du tissu conjonctif dans l'œdème, et tout porte à croire que les cavités en question ne sont que des mailles du tissu fibreux du chorion, dissociées par l'accumulation de la sérosité. Les notions sur la structure du tissu conjonctif, à l'époque où M. Young publia son travail, étaient telles que l'œdème ne pouvait s'expliquer, ni par la théorie de Virchow, ni à l'aide de la conception très-peu différente de Recklinghausen. Il fallait donc nécessairement l'expliquer *à priori* par des dilatations des canaux lymphatiques. Mais on sait que ces derniers ne sont nullement des espaces cloisonnés par des fibres conjonctives

---

[1] Young, *Zur Anatomie der œdematœscn Haut*, Wiener. *Acad. Sitzungsber*, LVII, S. 951, 1868.

entre-croisées, et que cet aspect est, au contraire, celui que revêt le tissu conjonctif quand on dissocie artificiellement ses éléments par une injection interstitielle, ou qu'il acquiert naturellement quand cette séparation est effectuée par le liquide d'un œdème.

Quand on fait une coupe de la peau après que l'œdème a duré un certain temps, on voit que l'épaisseur de cette dernière est légèrement augmentée. Les vaisseaux sanguins sont très-apparents, souvent gorgés de sang et environnés par un certain nombre de globules blancs qui les suivent pour ainsi dire en formant des traînées, tout comme au début d'un érysipèle. Dans le derme, on voit dans l'intervalle des faisceaux un certain nombre de globules blancs ; ceux-ci peuvent être plus ou moins abondants, mais leur nombre dépasse de beaucoup celui des cellules lymphatiques qu'on rencontre dans la peau normale. Ils forment souvent des amas ou des îlots irrégulièrement disséminés. Enfin les capillaires lymphatiques présentent des modifications curieuses.

Leur section ne se montre nullement sous la forme de cavités cloisonnées par des fibres, mais bien sous l'apparence de lacunes creusées entre les faisceaux du tissu fibreux et revêtues intérieurement d'une couche endothéliale continue, formée de cellules à gros noyaux vésiculeux, reposant sur une mince couche de fibres élastiques très-délicates, et suivant le contour des faisceaux fibreux du derme dans toutes leurs sinuosités. En un mot, ces lacunes répondent exactement à la description des capillaires lymphatiques. Mais tandis que dans la peau normale elles sont disposées en forme de fente et sont très-peu reconnaissables, sans injection préalable, à cause de l'affaissement de leurs parois, dans l'œdème *elles sont excessivement dilatées* et apparaissent sur les coupes comme de larges espaces étoilés béants.

Si, à l'aide de la seringue de Pravaz remplie de bleu de Prusse, on pique superficiellement la peau œdémateuse de manière à injecter les lymphatiques de cette membrane, on remplit ces lacunes très-facilement. On s'assure que l'injection a réussi, quand on voit le liquide pénétrer dans le tissu adipeux sous-cutané en suivant un lymphatique d'un certain calibre reconnaissable à ses valvules ; sur les parois des lacunes, incomplétement remplies par le bleu, on retrouve d'autre part la couche endothéliale caractéristique ; on peut donc éviter assez aisément les chances d'erreur. Dans l'aire d'un certain nombre de lacunes, où n'a pas pénétré l'injection, l'endothélium desquamé forme des amas de cellules caractéristiques.

La dilatation des capillaires lymphatiques m'a paru constante dans l'œdème de la peau. Elle fait acquérir à ces vaisseaux des dimensions considérables dépassant de beaucoup celles des plus gros troncs vasculaires sanguins du tégument, dont ils sont toujours séparés par une certaine épaisseur de tissu fibreux. Cependant, sur certains points, deux ou trois lacunes lymphatiques entourent un vaisseau *à distance* en se disposant en croissant, mais ne lui forment jamais une véritable gaîne, analogue à celles qu'on trouve dans le mésentère ou le tissu sous-muqueux de l'intestin de la grenouille.

L'infiltration globulaire et la dilatation souvent excessive des capillaires lymphatiques du tissu fibreux du derme constituent donc, avec l'épanchement de sérosité, les caractères principaux de l'œdème de la peau. Les vacuoles cloisonnées de Young ne sont autre chose que le produit de la dissociation du derme par l'œdème lui-même. La conception de cet auteur n'est soutenable qu'en tant qu'on considérerait, avec M. Ranvier, le tissu cellulaire tout entier comme un vaste sac lymphathique cloisonné. Dans cette hypothèse, qu'un grand nombre de faits importants viennent aujourd'hui corroborer, on verrait dans l'œdème un phénomène morbide caractérisé dans la peau comme partout ailleurs par la distension du tissu conjonctif par la sérosité, qui dilaterait les lymphatiques en refluant dans leur cavité avec laquelle communiquent largement les espaces interfasciculaires du derme.

L'infiltration du derme par les globules blancs paraît se faire par diapédèse, dans l'œdème comme dans l'érysipèle, et une certaine quantité de globules rouges du sang passent avec les globules blancs dans le tissu conjonctif. Ce phénomène est surtout appréciable dans l'œdème aigu qui laisse parfois à sa suite des ecchymoses, en dehors bien entendu de toute action traumatique. C'est aux paupières qu'on l'observe

le plus communément à la suite des accès violents de névralgie sus-orbitaire.

Lorsque l'œdème de la peau consécutif à celui du tissu cellulaire lâche se prolonge pendant un certain temps, le derme
s'épaissit de plus en plus. Tous les auteurs ont noté cette
hypertrophie dans la peau des membres inférieurs des malades atteints depuis longtemps d'œdèmes des jambes entre-
tenus pendant des mois ou même des années par une affection
cardiaque ancienne, une cirrhose du foie, ou développés dans
certaines cachexies. Les modifications microscopiques qui
surviennent dans la peau ainsi hypertrophiée sont connues de
tous les médecins. C'est autour des malléoles, sur la face dorsale du pied, sur les parties latérales du ventre et au-dessus
du pénil que siége de préférence l'induration. Cette dernière
intéresse à la fois la peau et le tissu adipeux sous-cutané, qui
prend toujours dans ce cas un développement assez considérable. *L'œdème dur* de la peau est dès lors constitué. Il
devient difficile de déprimer le tégument, qui ne reçoit plus
l'empreinte du doigt comme une cire molle, mais qui donne
lieu à une sensation de résistance élastique. En même temps
la surface de la peau, de lisse et polie qu'elle était, devient
rugueuse, les orifices pileux s'écartent et s'élargissent, leur
fond présente une coloration violacée ou brunâtre, et il en
résulte un piqueté régulier sur la peau. Lorsqu'on essaye de
faire un pli en serrant entre l'index et le pouce une certaine
épaisseur des téguments, on produit, en ramenant la sérosité
sous l'épiderme, des sortes de petits îlots blancs compris entre
les dépressions pileuses, de telle sorte que la peau prend
l'aspect d'une surface chagrinée à gros grains.

Si l'on vient à faire une coupe de la peau au niveau des
points où se montre cette sorte d'œdème hypertrophique, on
constate que le derme est considérablement épaissi. Il peut
mesurer un demi-centimètre, un centimètre et même plus. Le
pannicule adipeux est encore plus épais; dans quelques cas, il
atteint cinq et même huit centimètres; il forme une masse
solide qui fait corps avec la peau et qui se coupe nettement
avec elle. Quand on laisse un lambeau de la peau excisée
revenir sur lui-même, il ne diminue plus considérablement de
volume comme dans l'œdème aigu, mais quand la rétractilité

du derme a chassé une certaine quantité de sérosité, on constate que la peau est encore très-épaissie.

Sur la peau ainsi modifiée, on obtient avec une remarquable facilité l'injection de tout le réseau lymphatique à l'aide du procédé qui a été décrit plus haut. L'injection pénètre à la fois dans les vaisseaux blancs et dans les soulèvements irréguliers du derme semblable aux vergetures, qu'on observe si souvent dans ces cas sur la peau de l'abdomen. Quand on pratique des coupes, on reconnaît que les lacunes lymphatiques présentent des dimensions considérables, de telle sorte que le derme est comme percé de larges trous béants. Mais cette dilatation exagérée des lymphatiques ne donne pas une explication satisfaisante de l'hypertrophie de la peau et de l'épaississement accompagné de rigidité qu'on observe dans le pannicule adipeux.

La cause de l'hypertrophie paraît consister pour le derme dans une inflammation chronique et subaiguë de la peau. Non-seulement on constate, en effet, qu'une grande quantité de globules blancs s'est répandue dans les mailles du chorion et le long des vaisseaux sanguins, mais encore que de nombreux îlots de tissu embryonnaire se sont formés sur divers points, et que dans les parties profondes il existe une véritable prolifération du tissu conjonctif. De cette manière, l'épaississement de la peau s'explique de lui-même, car on sait que l'hyperplasie des tissus est le résultat ordinaire de leurs inflammations chroniques.

L'épaississement, l'induration, la rigidité particulière acquise par le tissu adipeux dans l'œdème cutané chronique, semblent reconnaître une cause très-peu différente. Sur un grand nombre de points les vésicules adipeuses sont revenues à l'état embryonnaire absolument comme dans l'érysipèle. On voit alors de larges travées de tissu embryonnaire séparer les vésicules, et les cellules propres de ces dernières se multiplier dans l'intervalle compris entre la membrane anhiste et le globe graisseux central. On détermine des modifications tout à fait analogues quand on irrite expérimentalement le tissu adipeux, qui devient rigide et dur en même temps qu'il prolifère.

L'inflammation chronique qui vient d'être décrite est peu

différente de l'induration inflammatoire consécutive au phlegmon. Cependant, quand elle est encore peu ancienne, on ne
remarque pas de modifications très-considérables dans la
substance fondamentale du tissu conjonctif. Les faisceaux de
ce dernier ne montrent pas la transformation colloïde indiquée par Rindfleisch, et les cellules embryonnaires agminées en îlots ne subissent pas la dégénérescence granulo-
graisseuse, c'est-à-dire ne deviennent pas du pus véritable.
Cependant, dans certaines formes d'œdème cachectique, le
liquide qui distend les mailles du derme se rapproche beaucoup des exsudats inflammatoires, en ce qu'il donne lieu à la
production d'un réticulum fibrineux dans lequel sont retenus
les éléments embryonnaires. Cette forme, qui semble intermédiaire à l'œdème chronique simple de la peau et à l'œ-
dème lymphatique proprement dit qui accompagne souvent
l'éléphantiasis vraie, donne aussi lieu à une hypertrophie
cutanée considérable. Je l'ai étudiée surtout dans la peau du
bras d'une malade de M. Charcot, atteinte de carcinome de
la mamelle avec œdème chronique considérable de la peau
de tout le membre supérieur. Il y avait à la fois dans le derme
des dilatations des capillaires lymphatiques, une grande
quantité de globules blancs agglomérés ou disséminés, des
îlots de prolifération autour des glandes sudoripares, et des
bulbes pileux, ou isolés dans la peau. L'exsudat avait donné
naissance à un réticulum fibrineux analogue à celui de l'œ-
dème inflammatoire.

Parmi les formes de l'œdème chronique de la peau, l'une
des plus curieuses et des moins connues est sans contredit
celle que M. Virchow a décrite sous le nom *de leucophlegmasie*, et que M. Rindfleisch désigne sous celui de *pachydermie lymphangiectasique*. Elle me paraît n'être autre chose
qu'un cas particulier de l'œdème cutané, car je l'ai vue succéder [1] à un œdème prolongé et généralisé consécutif à une maladie du cœur. Elle ne diffère des autres qu'au point de vue des
altérations considérables présentées par le système lymphatique ; non-seulement dans ce cas, il y a une *dermite chronique*

---

[1] J. Renaut, Obs. pour servir à l'histoire de l'éléphantiasis et des œdèmes
lymphatiques, *Archives de Physiol.*, 1872.

hypertrophique, mais encore une stase de la lymphe et une dilatation de ses canaux vecteurs jusque dans les ganglions lymphatiques de la racine des membres, et-même dans les ganglions peri-aortiques. Les glandes elles-mêmes sont transformées en tissu fibreux, et, bien que devenues énormes, elles ne peuvent plus fonctionner. Le cours de la lymphe est gêné à leur niveau, quoique les vaisseaux afférents et efférents aient subi des dilatations considérables; aussi les lymphatiques correspondants se dessinent-ils dans la peau comme des cordons noueux.

Il est naturel de penser que l'obstacle au cours de la lymphe au niveau des glandes devenues fibreuses est la cause de l'œdème lymphatique, tout à fait de la même manière que l'augmentation de la pression dans les veines est la cause de l'œdème séreux. Quant à l'hypothèse formulée par Rindfleisch, à savoir que l'obstacle au cours de la lymphe résulterait, dans la pachydermie lymphangiectasique, uniquement de « *l'hyperplasie et de la néoplasie des muscles lisses de la peau* [1], » elle ne saurait être soutenue, puisqu'on trouve des dilatations lymphatiques et de la lymphe épanchée dans le tissu conjonctif du derme, dans le cas où les muscles lisses de la peau n'ont subi aucune trace d'hyperplasie.

Il serait difficile de dire exactement pourquoi, dans certain cas, lorsqu'un œdème de la peau se prolonge, l'inflammation chronique des ganglions, aboutissant à une véritable cirrhose, se montre sur certains points, et même semble se généraliser, tandis que dans d'autres cas tout se borne à une simple dermite hypertrophique. Mais on comprend que dans cette dernière forme l'œdème lymphatique ait une grande tendance à se produire, à moins que la dilatation des lymphatiques ne se fasse avec une force d'expansion suffisante pour triompher de la résistance des ganglions devenus fibreux, en les dilatant eux-mêmes. C'est peut-être pour cela que, dans l'observation si remarquable de M. Trélat [2], le sujet affecté de varices lymphathiques se prolongeant jusqu'au canal thoracique *n'avait dans l'aine aucun ganglion*. Il n'y

---

[1] Rindfleisch, *loc. cit.*, p. 237.

[2] U. Trélat, Observation de varices lymphatiques, *Bulletin de la Société de chirurgie*, 1864, p. 306.

avait pas non plus de pachydermie lymphangiectasique dans la peau des membres ; mais cette observation paraît la seule dans laquelle l'œdème éléphantiaque de la peau n'ait pas été noté. Dans les trois autres cas analogues observés à la Réunion par M. Petit, et que M. Trélat a fait connaître, les membres inférieurs et, dans un cas, le scrotum étaient éléphantiasiques, en même temps qu'il existait des dilatations lymphatiques énormes dans le pli de l'aine.

En résumé, dans l'œdème de la peau devenu chronique, il se produit une inflammation hypertrophique du derme, qui aboutit à une forme particulière d'éléphantiasis. La dilatation des capillaires lymphatiques est constante ; elle gagne parfois les gros troncs et les vaisseaux afférents des glandes lymphatiques. Ces dernières peuvent elles-mêmes s'enflammer chroniquement et se transformer en tissu fibreux. De cette cirrhose résulte un obstacle au cours de la lymphe, qui stagne dans les vaisseaux dilatés, puis dans les mailles du tissu conjonctif, d'où la production d'un œdème et de varices *lymphatiques* dans la peau.

L'inflammation chronique du tissu adipeux constitue la variété d'*œdème dur* que l'on observe dans ces cas au niveau du derme hypertrophié et des glandes lymphathiques devenues fibreuses. L'augmentation de l'épaisseur du tissu adipeux sous-cutané est due à son inflammation hyperplasique.

Les conclusions qui précèdent sont basées sur l'étude et le rapprochement de faits nombreux. J'ai cherché, en les groupant, à donner une idée des rapports qui unissent les œdèmes chroniques de la peau aux hypertrophies éléphantiasiques de cette membrane ; on voit assez clairement que ces dernières succèdent à peu près régulièrement à l'œdème de la peau longtemps prolongé.

La forme d'hypertrophie le plus communément observée dans ces cas paraît se rapporter au type éléphantiasique décrit par M. Virchow sous le nom d'*éléphantiasis lœvis seu glabra* ; mais la forme verruqueuse (*elephantiasis papillaris seu verrucosa*) peut également s'observer à la suite des œdèmes prolongés, ceux qui accompagnent une maladie de cœur, par exemple. Dans ces cas, outre les lésions ordinaires de l'œdème chronique, on voit se développer d'énormes papilles formées de tissu embryonnaire ou de tissu muqueux ; en même temps un nombre considérable de jeunes vaisseaux se forment dans la peau réduite, pour ainsi dire, à une masse de tissu embryonnaire. C'est cette forme, connue à Paris sous le nom de lichen hypertrophique, que M. Van Lair a décrite dans son travail sous le titre d'*Eléphantiasis des Arabes ;* dans ce cas, l'irritation amenée par la prolongation de l'œdème a donné lieu à la production d'un véritable papillôme de la peau. Ce résultat n'a d'ailleurs rien de spécial et peut être amené par toute espèce d'irritation chronique et superficielle siégeant à la surface du tégument.

Ici une question se présente. Les formes éléphantiasiques de l'œdème sont-elles des degrés atténués de l'hypertrophie éléphantiasique véritable de la peau, qu'on observe dans les pays chauds consécutivement aux érysipèles et aux lymphangites répétées ? Dans les deux affections hypertrophiques, les ésions fondamentales sont-elles les mêmes, ou sont-elles plus ou moins différentes ?

Quand on consulte les divers auteurs qui ont étudié l'éléphantiasis exotique, on est frappé de les voir donner des descriptions tout à fait différentes des lésions anatomiques propres à cette affection. Tandis que Virchow admet qu'il existe toujours une prolifération plus ou moins active dans le derme épaissi, Rindfleisch déclare explicitement que dans ses recherches il n'a jamais pu découvrir aucune trace de tissu embryonnaire ; pour ce dernier auteur, l'hypertrophie du tissu fibreux de la peau aurait pour cause *un épaississement* et un allongement des fibres conjonctives qui laissent entre elles une foule de lacunes contenant de la lymphe coagulable, et au milieu desquelles les vaisseaux sanguins et lymphatiques sont dilatés, ressemblant, dans le tissu dense du derme, « aux galeries creusées par un taret dans du vieux bois [1]. » Cette description répond exactement à la forme verruqueuse ; c'est aussi celle que M. Van Lair a étudiée, mais elle ne convient nullement à l'éléphantiasis non verruqueuse et glabre, qui est de toutes la plus commune dans les pays chauds.

[1] *Loc. cit.*, p. 325.

Je ne saurais songer un seul instant à reprendre complétement l'anatomie pathologique de l'éléphantiasis exotique, dont on a très-rarement l'occasion d'étudier les lésions cutanées. Au point de vue de la description générale, les belles leçons de M. Virchow restent encore la meilleure monographie qui existe sur ce sujet. Je ferai seulement remarquer que, de même que dans l'œdème de la peau suivi d'hypertrophie, on remarque dans l'éléphantiasis exotique des lésions considérables du système lymphatique, consistant également dans des dilatations capillaires. Depuis ces six dernières années, j'ai eu l'occasion de constater deux fois ces lésions : une première sur des préparations faites par M. Ranvier et provenant d'un éléphantiasis du prépuce atteignant des proportions considérables[1], opéré avec succès par M. Voillemier ; la seconde sur un éléphantiasis exotique du scrotum.

Dans le cas de M. Ranvier, toute la masse du derme hypertrophié était constituée par du tissu embryonnaire. Dans le cas que j'ai étudié moi-même, la peau était transformée en tissu fibreux très-dense au milieu duquel étaient développées un nombre prodigieux de fibres musculaires lisses. Mais sur certains points on rencontrait des îlots de tissu embryonnaire, dont la présence pouvait faire supposer un travail inflammatoire précédent. Les capillaires lymphatiques se montraient sous forme de larges espaces sinueux garnis d'endothélium caractéristique.

La similitude des lésions ultimes de l'œdème chronique de la peau, et des lésions multiples qu'on trouve dans l'éléphantiasis exotique, lésions qui toutes peuvent se rapporter à un stade plus ou moins avancé d'une inflammation chronique, puisqu'on trouve tantôt du tissu embryonnaire pur (Ranvier), tantôt du tissu conjonctif en prolifération (Virchow), tantôt enfin des produits communs d'irritation hyperplasique (productions papillaires muscles, lisses, etc.), cette similitude, dis-je, tend à faire considérer, avec Rindfleisch, l'éléphansiasis comme une inflammation chronique de la peau. Les rapports de cette maladie avec l'érysipèle ont été assez nettement con-

---

[1] La pièce a été déposée au musée de l'hôpital Saint-Louis. *Voy.* Cornil et Ranvier, Manuel cité, t. I, p. 250, fig. 130.

statés par tous les auteurs, pour qu'il soit utile d'insister ici
sur ce point ; mais on conçoit que l'inflammation cutanée érysipélateuse, passant à l'état chronique dans le derme, y détermine des effets analogues à ceux produits par l'œdème prolongé, que les glandes lymphatiques qui reçoivent directement
la lymphe des parties enflammées s'engorgent, se maintien-
nent irritées tant que persiste la cause de cette irritation, et
devenant, en fin de compte, des masses de tissu cicatriciel
rétractile oblitèrent les voies de la lymphe et produisent la
pachydermie œdémateuse télangiectasique.

Dans cet ordre d'idées, il est facile de se rendre compte de
l'étiologie commune des hypertrophies éléphantiasiques consécutives à l'érysipèle devenu chronique et à l'œdème prolongé
de la peau. L'érysipèle et l'œdème chroniques étant deux
processus très-voisins, en ce qu'ils amènent dans la peau des
dermites dont les tendances principales sont l'hyperplasie
des éléments normaux du chorion et cette sorte de lymphan-
gité chronique qui aboutit à la dilatation considérable des
capillaires, il est naturel que l'œdème, comme l'érysipèle,
devienne une cause efficace du développement des éléphantiasis [1].

EXPLICATION DES FIGURES DE LA PLANCHE XII.

(Extrait des *Archives de physiologie*.)

Fig. 1. — Prolifération des cellules fixes du tissu conjonctif du derme dans l'érysipèle. —
A, Faisceaux de tissu conjonctif. — BB′. Cellules fixes dont les noyaux s'étirent en sablier
et se divisent en B″. — C. Cellules migratrices.

Fig. 2. — Coupe transversale d'un capillaire lymphatique du tissu fibreux. — *aa.* Faisceaux de tissu conjonctif coupés transversalement.—*bb.* Endothélium caractéristique du lymphatique. — *cc.* Cellules fixes du tissu conjonctif.

Fig. 3. — Coupe d'un capillaire lymphatique de la peau érysipélateuse, et autour duquel
se rassemblent les cellules migratrices *cc*, plongées dans un exsudat granuleux. — *a.* Cavité
de la lacune lymphatique. *bb.* Son endothelium.

Fig. 3. — Coupe d'un troncule lymphatique du tissu adipeux sous-cutané dans l'érysipèle avec lymphangite ; le lymphatique est rempli de globules blancs infiltrés aussi dans sa
gaîne élastique ; on voit aussi la prolifération des cellules adipeuses.

Fig. 4. — Capillaire lymphatique du derme dilaté dans l'œdème chronique de la peau. —
a. Cavité du vaisseau. — *b,* Endothélium. — *c.* Bordure élastique de la lacune. — *e.* Cellules
fixes du tissu conjonctif.

[1] *Voy.*, p. 87, les huit observations qui se rapportent à cette première partie, et qui ont fourni les matériaux principaux de la description qui précède.

SECONDE PARTIE

CHAPITRE III. — *Rapports de l'érysipèle avec les œdèmes de la peau.*

§ Ier.

L'étude anatomique des lésions produites dans la peau par l'érysipèle et par l'œdème, conduit naturellement à rapprocher ces deux affections. Le rôle prépondérant de la dermite, la part considérable prise par le système lymphatique dans les deux évolutions morbides, établit entre elles de grandes analogies, et l'on a vu dans le chapitre précédent, que de même que l'érysipèle devenu chronique, l'œdème prolongé de la peau conduit à une forme d'éléphantiasis. Je me propose d'étudier maintenant les rapports que peuvent présenter entre eux, au lit du malade, l'érysipèle et l'œdème cutané, de rechercher comment l'une de ces deux affections procède de l'autre : comment l'érysipèle amène l'œdème dans la peau, et pourquoi l'œdème cutané chronique est une condition favorable au développement de l'érysipèle.

D'une manière générale, ces rapports ont été constatés par un grand nombre de cliniciens, et depuis déjà très-longtemps on sait qu'à la suite des poussées érysipélateuses un œdème chronique survient quelquefois. Qu'inversement, la peau atteinte d'œdème chronique dans le mal de Bright, dans les affections cardiaques à la période cachectique, etc., se couvre d'une rougeur érysipélateuse avec une très-grande facilité sous l'influence de causes minimes et souvent même inappréciables. J'ai cherché dans l'anatomie pathologique la raison de ces relations étroites, et j'ai cru la trouver dans la similitude des lésions. Bien peu de différences séparent en effet l'érysipèle de l'œdème, si l'on ne considère que les modifications anatomiques qui se développent dans la peau sous leur influence. Dans l'un comme dans l'autre cas, on constate l'infiltration du derme par les globules blancs sortis des vaisseaux, l'irritation du tissu du chorion lui-même est mise hors de doute dans l'érysipèle par la prolifération du tissu conjonctif, et dans l'œdème de la peau par son hypergenèse. Dans l'érysipèle, les lymphatiques semblent se charger de la résorption de l'exsudat et s'enflamment fréquemment (*Voy.* Obs. I) ; dans l'œdème cutané, ils se dilatent et s'irritent chroniquement, parfois même jusqu'au niveau de leurs ganglions ; je montrerai enfin plus loin qu'ils jouent un rôle important quand un œdème se résorbe. On conçoit donc que deux états anatomiques si voisins se transforment aisément l'un dans l'autre.

C'est aussi ce qu'on observe chez un certain nombre d'individus qui, en vertu de leur constitution, sont à la fois disposés à l'engorgement œdémateux de la peau et aux poussées érysipélateuses. Chez de pareils malades, deux cas peuvent se présenter. Une première poussée d'érysipèle se produit et laisse à sa suite un œdème permanent, ou bien la peau restée œdémateuse est le siége d'érysipèles qui ont tendance à se reproduîre souvent, ou même à prendre un caractère en quelque sorte périodique.

Observation IX. (Personnelle.) — *Œdème permanent des paupières et des joues consécutif à un érysipèle.*

Madame F.... 45 ans, sans profession, se présente le 23 juillet à la consultation de la Charité, avec une œdème des deux paupières et des deux joues qui dure depuis un an et dont malgré de nombreux traitements suivis elle n'a pas réussi à se débarrasser.

C'est une femme pâle, anémique, maigre, multipare et encore réglée ; jusqu'à ces dernières années sa santé n'a pas été mauvaise, elle n'a jamais eu d'accidents scrofuleux bien nets et ses enfants sont bien portants. Il y a un an elle fut prise d'un érysipèle de la face qui fut intense et qui la rendit très-malade pendant la première moitié du mois de juillet. Puis l'éruption disparut pour ne plus revenir jamais, en laissant après elle un œdème qui présente actuellement les caractères suivants :

Les deux paupières sont œdémateuses, mais la tuméfaction est plus marquée à gauche. Au niveau des cartilages tarses, le tégument est très-épaissi, blanc et comme transparent. Sa surface est inégale et offre l'aspect de la peau d'une orange (œdème chronique de la peau). Le tissu cellulaire lâche des paupières est infiltré au-dessus du cartilage tarse et l'on sent à ce niveau comme une gelée molle sous la peau, qui est blanche et comme transparente; l'œdème de la paupière inférieure finit en mourant sur la joue, et la peau à ce niveau paraît épaissie et un peu rugueuse. On ne sent pas au cou de ganglions engorgés, il n'y a rien dans les conjonctives, ni sur les cornées, la malade y voit très-clair, n'a jamais eu d'œdème autre part ni aucun symptôme qui puisse faire admettre un mal de Bright ni une maladie du cœur. On prescrivit des applications d'eau de sureau, du fer et du quinquina; depuis lors, je n'ai pu revoir la malade.

L'observation suivante, que M. le professeur Gosselin a eu l'obligeance de me permettre de recueillir dans son service, est un exemple d'érysipèle œdémateux périodique.

Observation X. (Personnelle.) — *Œdème permanent des paupières et de la peau de la face, poussées d'érysipèle successives.*

Jeunesse, 28 ans, tanneur, entré le 6 juillet, salle Sainte-Vierge, n° 43, à la Charité, dans le service de M. le professeur Gosselin.

Dans son enfance ce malade a eu de nombreuses adénites scrofuleuses suppurées, et le long du cou on trouve des cicatrices déprimées, un grand nombre de ganglions cervicaux sont devenus fibreux, la majeure partie des autres est indurée. A l'âge de 25 ans, il fut atteint d'une pleuropneumonie, puis au moment du siége, d'une variole confluente avec ophthalmie et abcès consécutifs multiples.

Au mois d'avril 1871, il eut un érysipèle de la face, siégeant principalement à la partie supérieure de celle-ci. Les paupières, surtout la gauche, furent très-œdématiées au moment de l'éruption. L'évolution de l'érysipèle se fit en 15 jours, mais la rougeur disparue, il resta de l'œdème.

Six mois après, cet homme fut repris d'un érysipèle qui porta sur les mêmes régions, surtout encore sur les paupières du côté gauche. Cette poussée fut peu fébrile, les deux ou trois premiers jours seulement il y eut du malaise et de la fièvre, puis tout rentra dans l'ordre.

Pendant l'année 1872, les éruptions érysipélateuses se sont reproduites presque régulièrement de mois en mois (il y en a eu sept ou huit), et depuis le mois d'octobre dernier les poussées éruptives ont même paru se rapprocher. Elles s'accompagnaient de mal de tête, de fièvre et de malaises assez passagers; au bout d'un ou deux jours de cet état, l'œdème permanent des paupières augmentait et la peau prenait la teinte caractéristique de l'érysipèle.

C'est également depuis le mois d'octobre 1872 que l'œdème est devenu permanent et assez considérable pour masquer complétemeut l'œil gauche.

État actuel.— Le malade a la figure bouffie, la lèvre supérieure saillante comme les scrofuleux, la base du nez large et rougie par de l'acné hypertrophique. La paupière supérieure droite présente un pli lâche entre le cartilage tarse et le sourcil; au niveau du cartilage tarse, il existe un léger œdème chronique de la peau qui est épaissie et comme grenue. La paupière inférieure est le siége d'un œdème moins marqué avec coloration violacée du tégument. Du côté gauche tous les plis de mouvement sont exagérés par l'œdème qui tend la peau dans leurs intervalles et donne lieu à l'apparence de petites vessies superposées au-dessus du cartilage. De la sorte la paupière inférieure est recouverte par la supérieure qui s'est développée bien davantage qu'elle ; la rangée inférieure des cils, comprise ainsi entre la conjonctive et la face interne de la paupière supérieure, frotte douloureusement contre la cornée. Il en est résulté depuis quelques jours une inflammation de celle-ci, et des ulcérations multiples réunies en un groupe circulaire à la partie inférieure du disque cornéen. L'épiphora, la photophobie résultant de cette irritation permanente sont très-marqués. A droite il n'y a qu'un peu de rougeur de la conjonctive. Le malade est entré à l'hôpital surtout pour sa kérato-conjonctivite.

La peau de toute la face est épaissie à la région génienne; elle est dure et manifestement atteinte d'œdème chronique.

10 août.— Le malade a vu son œdème diminuer un peu sous l'influence d'applications émollientes, la conjonctivite est de beaucoup améliorée, il n'y a pas eu de poussées érysipélateuses nouvelles.

Ces deux observations montrent, je crois, des exemples de la forme de l'érysipèle que les anciens auteurs appelaient *érysipèle œdémateux* et que plusieurs cliniciens modernes ont réunis dans un groupe particulier auquel ils ont assigné le nom d'érysipèle lymphatique [1]. La pathogénie de cette forme, assez difficile à suivre en l'absence de données anatomiques précises, paraît s'éclairer au contraire quand on rapproche les lésions de l'érysipèle de celles que l'œdème amène dans la

---

[1] *Voy.* Courbon, Erysipèle scrofuleux, th. 1872. Virchow, *loc. cit*, p. 300.

peau. Ces dernières n'étant en fin de compte qu'un degré amoindri de la dermite érysipélateuse, il n'est pas étonnant de voir l'érysipèle établir, pour ainsi dire, par une sorte de passage à l'état chronique, l'œdème dans la peau déjà irritée. Les circonstances qui favorisent ce passage ont été du reste notées d'une manière générale, et la principale paraît être la constitution scrofuleuse de l'individu.

Dans ces cas, on observe fréquemment des adénites chroniques, des cicatrices au niveau des ganglions de la région, qui sont restés imperméables par suite de la rétraction cicatricielle de leur tissu. Cette imperméabilité des voies lymphatiques favorise certainement la production des œdèmes. Rigler, en démontrant qu'en dehors de toute oblitération veineuse les membres inférieurs s'œdématient quand toutes les glandes du pli de l'aîne ont suppuré [1], paraît avoir mis ce fait hors de doute, et dans l'étude des rapports de l'œdème cutané avec les lymphangites, je produirai à l'appui de cette manière de voir deux nouvelles observations.

Lorsqu'à la suite de l'érysipèle l'œdème chronique s'établit, d'abord dans le tissu cellulaire sous-cutané, puis dans la peau, cette dernière subit nécessairement l'influence de la dermite hypertrophique développée par l'infiltration séreuse, et devient le siége d'un épaississement plus ou moins marqué. Les deux périodes d'œdème simple et d'hypertrophie cutanée ultérieure sont surtout nettement appréciables dans la forme d'érysipèle qui conduit à l'éléphantiasis ; elles avaient été très-bien indiquées déjà dès le seizième siècle par Gabr. Falopius, qui distinguait dans cette forme l'état de tuméfaction primitive et l'état squirrheux consécutif (Scirrhodes) [2]. Borsieri considérait également l'érysipèle comme amenant à la fois l'induration de la peau et survenant fréquemment à la surface de cette membrane déjà indurée, hypertrophiée ou squirrheuse (comme on disait à cette époque de toutes les indurations de la peau). Le passage de Borsieri relatif à l'œdème consécutif à l'érysipèle mérite d'être rapporté, car on n'a pas mieux indiqué depuis l'ordre dans

---

[1] L. Rigler, *Zeitschrift der K. K. Gessellschaft der Artze zu Wien*, tome II, 1855.

[2] Gabr. Falopius, *Libelli duo, alter de ulceribus, alter de timorib.* — Venet. 1563, p. 93.

lequel l'érysipèle, l'œdème de la peau et l'hypertrophie de cette membrane se succèdent dans ce cas. Cet œdème et cette induration se montrent à la fin de l'éruption, dit Borsieri. « Discusso morbo interdum ejus sede, tumore quodam aquoso « albo et molli .... laborat (æger) idque « præsertim evenit ubi erysipelas, œdematodes fuerit, aut « cutis, non perfecte discussa congestione, induratur rigescit- « que. »

Il ne saurait être ici question d'étudier dans tous ses détails la forme d'érysipèle qui s'observe dans les pays chauds au début de l'éléphantiasis exotique. Mais si l'on compare cette forme avec celles qui s'accompagnent en Europe d'œdèmes et d'indurations cutanées consécutives, on voit que chaque poussée érysipélateuse laisse aussi immédiatement après elle une tuméfaction de la *région* qui n'est d'abord que de l'œdème pur. Cette période, appelée par les auteurs *période d'infiltration* œdémateuse, précède régulièrement celle d'induration dans laquelle la peau éléphantiasique présente tous les caractères de la dermite hypertrophique. « Dans les premiers temps, « dit M. Barallier dans son article du nouveau Dictionnaire « de médecine et de chirurgie pratiques [1], la peau est lisse et « sans changement de couleur.... l'induration qui peut ap- « paraître avec l'infiltration ou lui être consécutive résulte, de « la transformation des cellules lymphoïdes en tissu connectif; « celui-ci se développe surtout autour des vaisseaux et des « nerfs. La prolifération de ce tissu donne aux parties la con- « sistance, la rigidité qu'elles présentent. » Ici encore l'hypertrophie cutanée semble se développer sous l'influence des lésions produites dans la peau par l'œdème, reliquat de l'érysipèle.

Du reste, les indurations partielles de la peau avec tendance à l'hypertrophie s'observent dans nos climats assez fréquemment, principalement à la suite des érysipèles accompagnés d'œdème inflammatoire considérable. Les auteurs du *Compendium* ont signalé cette complication : « Lorsqu'un érysipèle superficiel persiste pendant quelque temps, ou, ce qui est plus fréquent, se reproduit souvent sur la même partie, le

---

[1] Barallier, art. *Eléphantiasis.*

derme acquiert une certaine dureté et s'infiltre dans toute son épaisseur. Il perd une grande partie de sa ténacité, et bien que l'inflammation n'en occupe pas toute l'épaisseur et que la disposition aréolaire soit encore très-évidente en lui, il se dépouille de la graisse des aréoles[1]. »

Cette lésion de la peau doit être rapportée également à la dermite, qui ramène le tissu adipeux sous-cutané à l'état embryonnaire en même temps que se résorbent les gouttelettes de graisse qui occupent le centre des vésicules adipeuses. Il en résulte que la peau et le pannicule se confondent en une seule masse de tissu jeune, riche en sucs, dans laquelle la disposition aréolaire est moins évidente. Cette lésion de la graisse a été du reste étudiée assez complétement dans les chapitres qui précèdent pour qu'il soit inutile d'y insister davantage. C'est aussi dans ces cas d'induration secondaire que les abcès dermiques sont le plus fréquents, et ce qui indique bien qu'on a affaire alors à une inflammation de la peau elle-même, il se produit assez régulièrement un petit bourbillon quand la suppuration se produit. L'observation suivante montre un exemple d'induration secondaire de cette nature, survenue à la suite d'un érysipèle qui n'avait de particulier que l'intensité de l'œdème dont il fut accompagné.

OBSERVATION XI. (Personnelle.) — *Erysipèle œdémateux de la face.* — *Abcès dermique.* — *Œdème en plaque consécutif.*

Felteau (Louis), garçon de salle, âgé de 29 ans, entre le 19 avril 1873, salle Saint-Michel, n° 13, dans le service de M. Empis.

Cet homme jouit ordinairement d'une bonne santé, il ne se plaint que de quelques maux de gorge qui ont toujours été sans gravité. En 1867 il a déjà eu un érysipèle qui dura neuf jours ; il a ordinairement un peu de coryza chronique accompagné de croûtes qui saignent facilement quand il les arrache, ce qu'il a l'habitude de faire souvent. Il avoue être alcoolique.

Jeudi dernier, en se levant, il s'aperçut qu'il avait une glande tuméfiée et douloureuse à la région sous-maxillaire gauche. Le soir même il survint une rougeur en plaque sur le nez, avec chaleur et tension vives de la partie. En même temps il fut pris de fièvre.

[1] *Comp. de Méd.*, art. ERYSIPÈLE.

20 *avril*. — Actuellement toute la face est envahie par une rougeur érysipélateuse terminée en avant des oreilles par un bourrelet, empié· tant de trois travers de doigt sur le cuir chevelu, et épargnant en bas le menton. Les paupières, surtout à gauche, sont considérablement œdématiées ainsi que la lèvre supérieure.

Sur le front on voit de nombreuses phlyctènes qui couronnent pour ainsi dire les sourcils ; sur la face existent des croûtes, traces de phlyctènes déjà affaissées.

Les ganglions longitudinaux du cou sont engorgés et forment un chapelet le long des vaisseaux. L'érysipèle ne s'est nullement propagé du côté du pharynx. La langue est blanche, humide, rouge légère- ment sur ses bords. Il y a eu hier quatre ou cinq selles diarrhéiques.

Les urines ne sont pas albumineuses.

Le cœur bat régulièrement, sans bruits anormaux ; pouls 100, tem- pérature matin 38º,4 ; soir 39º,4.

21. — Délire cette nuit, l'empâtement très-considérable a gagné le cuir chevelu, les oreilles sont rouges et commencent à devenir rigides, les phlyctènes du front sont affaissées. Pouls petit, concentré, très-dur, battant 100 fois par minute ; les bruits du cœur sont secs, le second dédoublé. La fièvre est vive (temp. $= 40º$) ; la prostration est consi- dérable. Diarrhée sérieuse abondante et continuelle (Temp. soir 39º 9).

Traitement : Eau de sureau pour lavages. Pot. extr. de quinquina, 4 gr.

22. — Continuation du délire, l'eruption a envahi les oreilles. Même état général ; P. $= 100$, t. $= 39º$, 3.

23. — Un peu de diminution de l'éruption, moins de délire ; la diarrhée est excessive. T. $= 38º$ 7 ; on donne 0º,50 centigr. de sulfate de quinine, du vin, pour tisane de l'eau vineuse.

24. — Le gonflement érysipélateux reparaît sur la face à droite ; la région mastoïdienne surtout est dure, ainsi que l'oreille ; la diarrhée a cessé. Délire continuel. T $= 39º$, 8 ; soir 87º, 8.

25. — Le nez, les paupières supérieures, la lèvre supérieure sont très-tuméfiés. Le cou des deux côtés, depuis 1 centimètre au-dessus du bord inférieur du maxillaire jusqu'à 5 centimètres au-dessous, c'est-à-dire toute la région sushyoïdienne, est le siége d'un gonflement érysipélateux, dur, peu douloureux. Le gonflement des oreilles est moindre. Il y a beaucoup moins de délire, la diarrhée n'a pas reparu. Temp. axill., 39º,2 le matin, 30º,2 le soir.

26. — Le gonflement existe partout où nous l'avons signalé hier, mais la rougeur érysipélateuse a été remplacée par une teinte rose pâle. Toute la face desquame. L'éruption a contourné en arrière le cuir che- velu et fait apparition sur la nuque. Sur les limites du cuir chevelu cette rougeur est couverte de phlyctènes naissantes. La peau, sur ce point, présente un aspect chagriné ressemblant à une écorce d'orange.

L'état est meilleur, presque plus de fièvre. (P. = 72. Temp. matin = 35°8 ; soir 36°,4.)

27 *avril*. Rien à noter. (P. = 96. Temp. = 36°,4.)

28. — La rougeur a disparu, il ne reste que quelques plaques érysipélateuses à la nuque, *mais le gonflement persiste dans les régions précédemment affectées d'érysipèle, il est considérable à la joue droite, où il forme une plaque dure.* (T. mat. = 36°,4 ; soir = 36°,8.)

29. — Disparition du délire. Il s'est formé à la partie externe du pariétal droit un petit abcès dermique avec bourbillon : L'œdème dur occupe maintenant une plaque d'environ trois travers de doigt de largeur au milieu de la joue, au pourtour des vaisseaux faciaux. A ce niveau la peau fait corps avec les parties subjacentes. La surface est rouge, chagrinée, l'induration se sent comme un corps dur enveloppé dans la peau ou comme une plaque d'érythème noueux, on la circonscrit exactement en un cordon de la grosseur du petit doigt qui suit la faciale et se perd rapidement dans la région hyoïdienne. Les ganglions cervicaux sont toujours dans le même état. (T. matin 36°,3 ; soir 36°,2.)

1ᵉʳ *mai*. L'œdème en plaque n'offre aucun changement ; le malade entre en convalescence, l'appétit revient.

2. — Au bas de la plaque qui a été notée sur la joue, c'est-à-dire au bord inférieur du maxillaire droit on détermine un peu de fluctuation. Un petit abcès dermique est couvert, il sort un petit bourbillon.

Le 12 mai le malade sort guéri, mais son œdème en plaque a persisté. A ce niveau la peau est toujours dure, il semble qu'il y ait une nouûre dans son épaisseur. Il n'existe aucune rougeur à la surface. L'induration est aussi considérable à la portion génienne, où il n'y a pas eu de suppuration dans le derme, que le long du bord inférieur du maxillaire où siégeait le petit abcès.

Ces plaques œdémateuses au niveau desquelles la peau prend un aspect tout à fait analogue à celui qu'elle acquiert à la suite d'un œdème longtemps prolongé, semblent se développer de préférence dans certaines régions. Quand l'érysipèle envahit les parties génitales, l'œdème dur qui lui succède peut acquérir assez rapidement le caractère éléphantiasique, à la suite même d'une seule poussée. On voit alors le scrotum, la peau du pénil s'indurer, en même temps que la peau du prépuce est gonflée par un œdème translucide, mais difficilement dépressible, dur, résistant et donnant au doigt l'impression d'une masse de gélatine. Cette variété d'œdème peut devenir l'origine d'indurations persistantes. Un point à noter, c'est que les ganglions inguinaux sont ordinairement tuméfiés et indurés, peu mobiles dans le tissu cellulaire qui les entoure. Toutes ces particularités sont réunies chez le malade dont l'observation suit, recueillie par moi dans le service de la Clinique, grâce à l'obligeance de M. le professeur Gosselin.

« OBSERVATION XII. (Personnelle.) — *Rétrécissement uréthral, cathétérisme, érysipèle, œdème éléphantiasique consécutif, adénite chronique double de l'aine.*

Guy (Jules), 40 ans, journalier, entre le 23 avril salle Sainte-Vierge, n° 39, dans le service de M. Gosselin, à la Charité, pour s'y faire traiter d'une dysurie légère résultant d'un rétrécissement ancien. Cet homme n'a eu qu'une seule blennorrhagie, en 1855, et il ne se produisit alors aucun accident immédiat. Il y a un an, il s'aperçut qu'il urinait difficilement et que les dernières gouttes le brûlaient au passage, c'est ce qui le décida à entrer à la Charité.

A son entrée cet homme présente un petit rétrécissement n'admettant pas la sonde d'argent, mais laissant passer la sonde n° 20. L'urèthre est très-sensible. Le 27 avril on arrive enfin à passer la sonde d'argent en combinant le cathétérisme avec des injections d'eau; le canal de l'urèthre saigna légèrement après que l'on eut retiré la sonde.

Le 30 avril, frisson intense suivi d'un accès de fièvre avec chaleur et sueur. Le 3 mai survint une orchite très-douloureuse à droite.

Dans les premiers jours de juillet, sans cause appréciable que son rétrécissement et son orchite qui étaient en voie de guérison, le malade est atteint d'un érysipèle qui envahit le scrotum, la peau du ventre, le fourreau de la verge, les deux régions inguino-crurales et remonta jusqu'à l'ombilic. Cet érysipèle, qui dura dix jours, s'accompagna de grande tuméfaction des glandes inguinales et de deux petits abcès très-superficiels, l'un un peu à gauche, l'autre un peu à droite du raphé. Depuis lors la tuméfaction des parties n'a pas diminué.

La peau du scrotum est très-épaisse, surtout à droite, où elle fait corps avec un œdème profond, dur, constituant une vaste plaque présentant l'étendue de la paume de la main, et qui enveloppe le testicule droit en avant. Ce dernier est sain et glisse facilement sous la peau indurée. A gauche la glande est indurée par l'orchite.

Le fourreau de la verge est le siége d'un œdème qui l'épaissit considérablement; la peau dure, non douloureuse, dépourvue de rougeur à sa surface, donne au doigt la sensation d'une feuille épaisse de caoutchouc. Vers la racine de la verge cet épaississement se prolonge sur le pénil, la peau extrèmement épaissie est comme adhérente à ce niveau à une induration molle qui la double profondément ; cet œdème cesse brusquement à trois travers de doigt au-dessus de la symphyse, suivant une ligne horizontale qui contournerait le ventre entre les deux épines iliaques antérieures et supérieures.

Les ganglions inguinaux sont très-indurés des deux côtés, ils ont le volume de grosses avelines, sont douloureux à la pression et de consistance très-ferme.

Cet œdème reste depuis plusieurs semaines à l'état complétement stationnaire : on n'a employé pour le combattre que des cataplasmes.

§ II.

Un second point intéressant dans l'étude des rapports qui existent entre l'érysipèle et l'œdème de la peau, est la production fréquente d'inflammations érysipélateuses sur les téguments depuis longtemps infiltrés. L'œdème chronique des membres inférieurs, qui s'établit dans la période cachectique des maladies du cœur, l'œdème de la maladie de Bright, quand il se prolonge, et même certains œdèmes cachectiques disposent on ne peut plus la peau à l'érysipèle, qui l'envahit spontanément ou à la suite de traumatismes insignifiants (comme des piqûres d'aiguille, des mouchetures, l'application d'un vésicatoire ou d'un sinapisme, etc., etc.).

La facile production de l'érysipèle dans ce cas a été constatée par tout le monde. Mais, malgré la multiplicité des raisons qu'on a données pour l'expliquer, la lumière est loin d'être faite à cet égard. Il est certain que l'infiltration du tissu conjonctif sous-cutané, en écartant la peau des parties profondes, en l'isolant pour ainsi dire, lui crée des conditions de médiocre vitalité ; mais il me semble que l'on doit prendre surtout en considération, dans ce cas, les modifications anatomiques amenées par l'œdème.

L'œdème, en effet, en déterminant dans le tégument une dermite chronique, le met dans un état anatomique très-voisin de celui qu'y produit l'érysipèle lui-même. L'existence d'un œdème préalable peut donc être considéré sans invraisemblance comme une condition très-favorable au développement d'une poussée érysipélateuse, au même titre que l'érysipèle peut être considéré comme une cause d'œdème ultérieur. C'est ce qu'on observe notamment dans le mal de

Bright, où parfois une poussée d'œdème sur un point donné se termine par un érysipèle sans qu'aucun traumatisme puisse être incriminé. Cette succession a été très-nettement observée dans le cas suivant, qui m'a été communiqué par M. Budin, interne des hôpitaux. La poussée œdémateuse, fébrile, accompagnée d'un état grave, a été bien distincte de l'érysipèle, qu'elle a précédé de trois jours, en même temps que se produisaient des congestions viscérales et des hématuries.

OBSERVATION XIII. — *Albuminurie.* — *Fausses-couches.* — *Erysipèle de la face.* (Recueillie par Eug. Decaudin, externe du service [1].)

Cette femme avait toujours été bien portante dans sa jeunesse. Réglée à 18 ans, à 21 ans elle a son premier enfant, depuis elle en a eu cinq autres, tous nés à environ 16 mois d'intervalle. Sur ces six enfants, quatre sont vivants, le quatrième et le sixième sont morts, l'un à 7 mois, l'autre à 9 : en somme elle était toujours accouchée à terme.

A. Albuminurie. — Vers l'âge de 31 ans, la santé de cette femme a paru s'altérer. Elle a remarqué à cette époque surtout un rapide amaigrissement ; en décembre 1871, elle avait alors 35 ans, sa figure enfle subitement ; ses joues, ses paupières étaient le siége d'un œdème considérable ; le nez s'était déformé par suite de cette bouffissure soudaine qui l'avait, dit-elle, rendue méconnaissable. Sa vue se troubla, elle eut de la dyspepsie, elle éprouva des douleurs lombaires très-accusées, elle ressentit un malaise général, toutefois elle ne remarqua, rien de particulier ni dans la quantité, ni dans l'aspect de ses urines. Cet œdème, 15 jours plus tard, avait disparu.

Après cette époque, vers le commencement de 1872, elle remarqua que ses urines devenaient de plus en plus troubles et rouges ; ses règles n'apparaissaient plus que pâles et décolorées. Toute l'année 1872 se passa ainsi en partie ; elle éprouvait toujours les mêmes douleurs lombaires, de l'inappétence, des crampes d'estomac : le travail devenait pour elle de plus en plus pénible : ses règles parurent pour la dernière fois en octobre 1872. A partir de cette époque, elle constata peu à peu tous les symptômes d'une nouvelle grossesse, lorsque le 25 décembre 1872 elle eut une perte de sang considérable, accompagnée d'expulsion de caillots : elle faisait une première fausse couche.

En janvier 1873, ses règles n'apparurent point et cependant (avril, mai 1873) elle n'éprouva aucun des symptômes habituels de la grossesse ; son ventre toutefois augmentait progressivement de volume, et ses dou-

---

[1] Hôpital Saint-Antoine, service de M. Gombault.

leurs lombaires devenaient de plus en plus fortes. Un médecin exa-
mina alors ses urines et reconnut la présence de l'albumine. Le 8 juin
1873, ayant remarqué de l'œdème autour des malléoles, ses jambes
s'œdématiant à leur tour, ses cuisses devenant plus volumineuses, elle
se décida à entrer à l'hôpital où elle fut admise le 9 juin 1873, salle
Sainte-Geneviève, n° 3. Le lendemain on constatait que ses urines
étaient albumineuses.

A l'inspection, le ventre paraissait volumineux, on y trouvait une tumeur remontant jusqu'à trois travers de doigt au-dessous de l'ombilic et
après l'expulsion des urines ; cette tumeur était globuleuse, ovoïde, à
grosse extrémité dirigée en haut.

A l'auscultation, on entendait un souffle utérin très-évident; on ne
pouvait percevoir ni les battements du cœur du fœtus, ni aucun bruit
de mouvement. Au toucher, le col était mou, fermé, le corps de l'utérus
était volumineux ; la femme ayant été placée debout, on chercha le bal-
lottement sans le percevoir.

10, 11, 12 juin, même état. Albumine dans les urines, Œdème des
membres inférieurs.

B. Avortement. 13. — Des douleurs très-vives surviennent dans
le bas-ventre; dans la soirée, le sang apparaît en assez grande quantité ; sa sortie s'accompagne de douleurs expulsives; il existe de
l'œdème de la grande lèvre droite.

14. — Le sang s'écoule toujours. Au toucher, le col entr'ouvert
laisse pénétrer l'index; on arrive sur la poche des eaux qui devient
dure au moment des contractions utérines. Aucune partie fœtale n'est
accessible. Les douleurs continuent à être très-vives.

15. — Les douleurs ont disparu, mais les pertes continuent, l'écoulement est rose.

19. — Les douleurs reviennent.

17. — Dans la nuit du 16 au 17, à 1 heure 1/2 du matin, elle avorte
facilement : le placenta sort naturellement deux heures après. La malade venait de faire une seconde fausse couche.

18. — Au matin, elle n'éprouve plus de douleurs, tout va bien.

La fausse couche était d'environ 5 mois ; le fœtus mesurait 23 centimètres de longueur, et le placenta avait 12 cent. de long sur 7 1/2 de
large.

28. — L'urine est dosée; elle contient 10 gr. d'albumine par
litre. Les suites de la couche furent normales; il ne survint aucun
accident.

C. Poussée œdémateuse. 29.—On constate un peu d'œdème à la
face et aux malléoles. Dans la nuit du 29 au 30, il y eut un orage violent; la malade eut peur, se leva pour secourir une de ses voisines qui

s'était trouvée mal : s'étant recouchée, elle fut prise d'un violent frisson.

30 juin. On la trouve assoupie, couchée sur la face et se plaignant d'une céphalalgie intense occupant tout le front. La vue est troublée, la malade ne peut plus rien distinguer ; la face était très-œdématiée : la peau brûlante, il s'écoulait un liquide séreux par les narines ; on n'avait constaté aucun accès convulsif, toutefois dès qu'on approchait d'elle, elle exécutait des mouvements brusques et semblait sans cesse effrayée. Bien qu'elle répondît assez nettement aux questions qui lui étaient adressées, elle avait eu du délire : il lui semblait voir à chaque instant des éclairs. Ses gencives étaient gonflées, elle éprouvait dans la bouche une sensation spéciale ; il lui semblait que ses dents rentraient dans leurs alvéoles ; la soif était vive, la fièvre intense. La malade agitait ses lèvres et parlait à voix basse en exécutant quelques mouvements du visage. Elle éprouvait des douleurs vives dans les reins. La sensibilité cutanée était normale. On pratiqua le cathétérisme et on retira 200 grammes d'une urine colorée et trouble.

A 11 heures on lui fait une saignée de 450 grammes, et on prescrit du calomel à dose fractionnée.

A 3 heures de l'après-midi, la température avait subi un léger abaissement. (T. $= 40^\circ,7$ — P. 108.) — L'assoupissement persistait.

1er juillet. Vers minuit survient un frisson à la suite duquel la malade vomit. Ses urines sont sanguinolentes ; elle a uriné 1 litre depuis la veille. La céphalalgie frontale est intense. L'œdème de la face augmente, surtout à droite. L'urine de la veille ayant été dosée contenait 11 gr. 5 c. d'urée par litre et 16 grammes d'albumine. Cette urine n'était pas sanguinolente. (P. 104. — T. $40^\circ,7$.)

Les douleurs lombaires paraissaient diminuées ; il y avait eu trois gardes-robes. Le calomel fut continué.

Soir. — Aucun changement. (P. 116 — T. $41^\circ,3$.) On ordonne une pilule de 0,05 d'extrait aqueux thébaïque.

D. Poussée d'Érysipèle. — *2 juillet*. Les douleurs des reins sont diminuées — La céphalalgie est moins interne, mais sur le côté droit de la figure il existe une rougeur érysipélateuse qui a débuté par les narines, a envahi tout le côté de la face et s'est propagé à la paupière. La malade a vomi : elle n'est pas allée à la garde-robe depuis 24 heures, elle a 11 gr. 50 c. d'une urine mêlée de sang dans son bocal. (P. 104. — T. $40^\circ,9$.) — Deux verres eau de Sedlitz.

Soir. — L'eau de Sedlitz a agi efficacement. (P. 112 — T. $41^\circ,4$.) — Il n'existe plus de troubles de la vue. Urée 15 grammes par litre. L'albumine n'a pas été dosée.

L'érysipèle s'étend à l'autre côté de la face, la figure est méconnaissable.

3 *juillet*. La malade va mieux. L'érysipèle a diminué : il n'existe plus ni de céphalalgie, ni de douleurs lombaires. Les gardes-robes ont été abondantes à la suite de la purgation. (P. 104. — T. 40°,8.)

Soir. — (P. 106. — T. 41°,4.) — La malade a eu des frissons de midi à 2 heures, elle a de plus éprouvé des douleurs abdominales très-vives.

4. — (P. 88. — T. 39.) Les coliques ont continué : la diarrhée a été plus abondante. — Lavement laudanisé.

Soir. — (P. 92.) Les douleurs abdominales sont moins vives, mais la diarrhée a persisté. La face est beaucoup moins gonflée à droite, il existe des bourdonnements d'oreille. — L'urine n'est plus sanguinolente, elle contient 13 grammes d'albumine par litre.

5. — La malade a vomi ce matin. La rougeur érysipélateuse a diminué, la face est bouffie du côté du décubitus, l'empreinte des doigts sur lesquels elle reposait persiste au niveau de la pommette. La malade peut ouvrir la paupière du côté gauche. L'œil droit est toujours clos et la paupière est érysipélateuse. — Les vomissements bilieux continuent. La diarrhée est très-abondante.

Glace. — Limonade. — Eau de seltz.

6. — Les vomissements ont cessé ; la malade se trouve beaucoup mieux.

10. — L'amélioration continue, l'urine ne contient plus que 9 grammes d'albumine par litre.

15. — Le mieux est confirmé. — 7 grammes d'albumine.

20. — La malade se lève. — Le facies est pâle, mais il n'y a plus d'œdème. — 6 grammes d'albumine.

1er *août*. 4 gr. 50 c. d'albumine.

3. — Pendant la nuit, dyspnée assez intense, la malade ne peut dormir. A l'auscultation on ne trouve que des râles muqueux aux deux bases. Céphalalgie intense et envie de vomir.

Sinapismes. — Bains de pieds sinapisés.

5. — Tous ces accidents ont disparu.

7. — L'état général est bon. — On recueille un litre d'urine dont on fait l'analyse : on trouve 6 grammes d'albumine et 8 grammes d'urée par litre.

Un fait qui a dû certainement éveiller l'attention des praticiens, mais sur lequel on n'a peut-être pas jusqu'à présent, insisté d'une manière suffisante, c'est l'extrême gravité de ces érysipèles secondaires qui se développent consécutivement aux œdèmes chez les sujets cachectiques. Ces érysipèles, de même que ceux qui se produisent dans la convalescence des fièvres graves, se compliquent en effet presque régulièrement, soit d'accidents locaux sérieux, tels que le phlegmon diffus ou la gangrène, soit de phénomènes généraux très-graves, analogues à ceux de l'infection purulente ou de la septicémie. Le moindre traumatisme à la surface de la peau œdémateuse devient alors l'origine de plaques d'érysipèle, et très-promptement la fièvre devient intense, la langue se dessè-che, un état ataxo-adynamique se produit, l'état s'aggrave avec une rapidité extrême, et le malade meurt avec les signes d'une intoxication suraiguë.

Il serait difficile de dire à *priori* d'où procède la malignité extrême de ces érysipèles comparée à la bénignité relative de l'érysipèle primitif, de l'érysipèle de la face surtout, qui guérit d'ordinaire et presque sans aucun traitement. Doit-on chercher ici la cause de la malignité dans l'état général du malade, ou dans l'état anatomique de la peau? Il est probable que ces deux facteurs jouent un rôle important dans la production des accidents graves que l'on observe alors. Mais l'état anatomique de la peau doit être surtout invoqué à cause des modifications considérables éprouvées par le système lymphatique.

Nous avons vu que dans l'œdème de la peau les capillaires lymphatiques ont subi une dilatation d'autant plus considé·rable que l'œdème a duré plus longtemps. Sur une coupe ils apparaissent béants, avec un diamètre quintuple ou sextuple de la section des vaisseaux sanguins. Vienne un traumatisme suivi d'une plaque d'érysipèle, la voie est toute préparée à la fois pour l'absorption et le transport facile et rapide des matériaux septiques.

Il est impossible de ne pas être frappé de la façon dont une plaie excessivement minime fut suivie, dans le cas de varices lymphatiques observées par M. Trélat, d'accidents septicémiques rapidement mortels qui éclatèrent subitement, peu de jours après la production du traumatisme. Il semble que dans ce cas, dès que l'inflammation, d'abord circonscrite autour de la plaie, eut gagné le réseau lymphatique dilaté, l'intoxication se soit produite tout à coup avec une violence inouïe. Depuis que M. le professeur Trélat eut attiré mon attention sur ce point, j'ai eu moi-même l'occasion d'observer un cas analogue

chez un sujet atteint depuis longtemps d'un eczéma du prépuce, dont les poussées réitérées avaient déterminé une dermite chronique, une sorte d'éléphantiasis de la région accompagnée de dilatation considérable des lymphatiques ; l'ablation de
la tumeur fut suivie, au bout de six jours, d'érysipèle extrêmement grave, et la mort eut lieu avec tous les signes de l'infection purulente. Je reproduis ici dans l'observation, à côté des
renseignements qui m'ont été fournis par mon collègue Pozzi,
l'examen anatomique que j'ai fait de la peau du prépuce, en-
levée par M. Gosselin.

OBSERVATION XIV. — *Phimosis, dermite chronique hypertrophique
consécutive.* — *Ablation du prépuce.* — *Erysipèle.* — *Infection purulente.* — *Mort.*

M. ..... affecté de phimosis depuis son enfance, est atteint depuis
longtemps d'eczéma du prépuce. Depuis six ans environ cet organe a
pris un développement et une dureté considérables au point de gêner
notablement les rapprochements sexuels. Il demande donc à en être
débarrassé.

En examinant les parties, on constate que la cavité préputiale a exté-
rieurement disparu par suite d'adhérence du méat urinaire au prépuce.
En outre, par suite de l'hypertrophie de ce dernier, qui a notablement
éloigné les deux orifices, il existe en avant du méat une sorte d'ajutage,
un canal à parois indurées et calleuses. Son orifice est plissé, enfoncé
dans la peau du prépuce, la consistance de celui-ci est rénitente, comme
éléphantiasique. Le fourreau de la verge est absolument sain.

Le 4 mars, l'opération est pratiquée. Le chirurgien, espérant que la
cavité préputiale n'était pas complétement oblitérée, fait une incision
courbe au niveau de la couronne du gland, afin de pénétrer dans cette
cavité, pour rabattre ensuite le prépuce en avant, et l'exciser au niveau
de son adhérence au méat, mais ce plan ne peut être mis à exécution
par suite de la fusion complète du prépuce avec la surface du gland.
La dissection est laborieuse, et l'on ne parvient pas à décoller les parties réunies ; il reste sur le gland la muqueuse préputiale, dont la surface externe, saignante, demeure à découvert. Le gland présente des
plaques indurées comme fibreuses.

Aucune réunion immédiate ne peut être tentée, et l'on panse à plat.
(Note communiquée par M. S. Pozzi.)

L'examen anatomique de la tumeur a été pratiqué par moi dans le
Laboratoire d'histologie du Collége de France. La peau du prépuce
était le siége d'une dermite interstitielle. De longues papilles embryon-

naires surmontaient le derme parsemé d'ilots de tissu embryonnaire et de tissu conjonctif jeune, au milieu duquel les capillaires lymphatiques étaient béants sous forme de lacunes anguleuses.

Le malade alla bien jusqu'au sixième jour après l'opération. Il eut à peine un peu de fièvre. Brusquement il fut pris de frisson violent, et celui-ci se répéta deux ou trois fois dans la journée. Le lendemain, une plaque d'érysipèle se montra au niveau de la plaie. Une fièvre intense s'alluma, des symptômes évidents d'infection purulente survinren alors et enlevèrent en trois jours le malade, qui mourut dans la nuit du 14 au 15 mars.

L'autopsie n'a pas été pratiquée.

Il résulte de là que ces faits, et leurs analogues, tendraient à faire admettre que l'état anatomique de la peau dans l'œdème chronique peut au moins devenir, à un moment donné, une circonstance adjuvante de la résorption des matières septiques. De véritables bouches absorbantes sont alors en effet ouvertes dans la peau, et seront pour ainsi dire d'autant mieux atteintes que le traumatisme sera plus superficiel. Je suis loin d'affirmer du reste que cet état de dilatation des lymphatiques dans la peau œdémateuse soit la seule cause des accidents qu'on observe quand un érysipèle envahit une région infiltrée ; mais il n'était peut-être pas inutile de signaler cette disposition comme pouvant contribuer à faire considérer au moins comme dangereux tous les traumatismes du tégument atteint de dermite œdémateuse, puisque la peau est dans ce cas comme préparée pour l'érysipèle, l'infection purulente et la septicémie.

Chapitre IV. — *Des rapports de l'érysipèle et des œdèmes de la peau avec les lymphangites.*

§ Ier. — *Des rapports de l'Érysipèle avec la Lymphangite.*

L'étude anatomique comparative de l'érysipèle et des œdèmes de la peau conduit naturellement à celle de leurs rapports avec la lymphangite. La part que prend le système lymphatique dans les deux processus, fait en effet prévoir que l'inflammation des vaisseaux blancs n'est vraisemblablement pas très-rare à leur suite, et cette présomption a été justifiée depuis très-longtemps par des observations cliniques nombreuses.

Depuis Blandin, qui considérait l'érysipèle comme une lymphangite capillaire, on a tour à tour affirmé et nié la participation des vaisseaux lymphatiques à la production de l'exanthème érysipélateux. Tout dernièrement encore, M. Maurice Raynaud a soutenu avec un grand talent, que certaines rougeurs érysipélateuses ne sont autre chose que de l'angioleucite réticulaire disposée en plaque, et constituant une sorte d'érysipèle fixe bien différent de l'érysipèle ambulant qui serait le produit d'une infection septique[1]. Dans un autre ordre d'idées, Billroth, et de son côté M. Desprès, se fondant sur la distribution de la rougeur, sur sa manière d'apparaître, etc., admettent que dans l'érysipèle le réseau lymphatique est toujours enflammé, et que cette éruption n'est autre chose qu'une lymphangite capillaire.

L'explication des caractères de la rougeur par une lymphangite en réseau a été donnée par bien des auteurs. On a répété que le mode d'extension de la plaque érysipélateuse, rappelait tout à fait la manière dont se propage une injection des lymphatiques de la peau,; mais M. Gosselin a rappelé dernièrement que l'inflammation pure et simple d'un réseau lymphatique ne saurait déterminer par elle-même un érythème, à moins qu'il ne se produisît en même temps une injection des capillaires sanguins. Il est cependant vrai de dire que dans la lymphangite trajective, on observe autour du lymphatique une rougeur rubanée tout à fait analogue à celle de certaines plaques érysipélateuses, et que cette rougeur paraît bien due à l'inflammation du vaisseau.

J'ai déjà cherché plus haut la raison de ce fait, et j'ai cru la trouver dans l'inflammation du tissu adipeux péri lymphatique, accompagnée d'hyperémie des capillaires si nombreux des pelotons graisseux. De là, autour du lymphatique enflammé, la production d'une zone rubanée, rouge, beaucoup plus large que le vaisseau lui-même ; de là aussi, quand le calibre du lymphatique est considérable, l'apparition d'une corde indurée, inégale, formée par l'atmosphère graisseuse

[1] Discussion sur l'Érysipèle, in. C. R. de la Soc. méd. des hôpitaux, 1873.

périvasculaire revenue à l'état embryonnaire. J'ai pu consta
ter directement cette injection de la graisse à la fois dans
l'observation I et dans l'observation VIII; je crois donc qu'il
est naturel de penser que les rougeurs en réseau qu'on observe quelquefois dans l'érysipèle sont dues à la péri lymphangite du lacis profond des absorbants cutanés. Quant à
l'érysipèle lui-même, il ne saurait, dans aucun cas, être considéré comme une angioleucite pure et simple.

L'inflammation proprement dite des vaisseaux lymphatiques profonds du derme est loin d'être en effet un phénomène constant dans la dermite érysipélateuse. On voit bien
les globules blancs se rassembler autour des fentes lymphatiques, les remplir et les distendre, les glandes lymphatiques
correspondantes s'irriter et se tuméfier, preuve de l'activité
très-grande du système absorbant en pareil cas ; mais on ne
voit pas dans tous les érysipèles les troncs lymphatiques
proprements dits, remplis par des globules blancs ou par du
pus, présenter dans leurs parois et autour d'eux les lésions
déjà décrites de la périlymphangite et de l'angioleucite interstitielle. Bien plus, quand cette lésion existe dans un point
de la peau érysipélateuse, elle peut manquer sur un autre
point où l'érysipèle est cependant en pleine activité. En joi-
gnant mes propres observations à celles de M. Lordereau,
on trouve que sur 21 cas, la lymphangite réticulaire a été
constatée seulement cinq fois, il n'est donc pas possible d'affirmer actuellement que l'éruption érysipélateuse n'est rien
qu'une lymphangite.

Au point de vue de ses rapports avec la lymphangite, l'é-
rysipèle ne paraît pas sensiblement différer des autres inflammations de la peau. La dermite érysipélateuse, si elle est
intense, peut ne pas se borner à mettre les lymphatiques en
état de plus grande activité ; elle peut aussi les enflammer,
soit seulement au niveau des réseaux sous-cutané, comme on
l'a vu dans l'observation Ire, soit au loin, et déterminer une
angioleucite trajective. J'ai été conduit à admettre plus haut,
qu'au moment où l'érysipèle est en pleine activité, le réseau
lymphatique est la voie d'élimination principale des globules
blancs ; sa distension passagère peut vraisemblablement,
quand elle est exagérée, déterminer la lymphangite au même

titre que toute irritation excessive du tégument ; mais cette
dernière ne doit pas être considérée comme une conséquence
nécessaire de toute inflammation érysipélateuse.

Il en est de même de la lymphangite trajective. Celle-ci se
produit quelquefois dans l'érysipèle, même spontané, comme
le montre l'observation suivante ; mais dans ce dernier cas,
il est rare qu'on puisse •facilement l'isoler au lit du malade
de l'éruption érysipélateuse qu'elle accompagne. Voici pourtant un exemple d'angioleucite érysipélateuse observée à l'é-
tat distinct, c'est-à-dire indiquée par des traînées lymphan-
gitiques rubanées indépendantes de la rougeur de l'érysipèle.

OBSERVATION XV (Communiquée par M. Baréty, interne des hôpitaux).
— *Erysipèle de la face, traînées de lymphangite, adénites multiples consécutives.*

Garin (Louise), blanchisseuse, âgée de 35 ans, entre le 6 mars 1872,
salle Saint-Thomas, numéro 40, à l'hôpital Saint-Louis, service de
M. Lailler. En dehors d'un premier érysipèle de la face survenu, il y a
trois ans, cette femme n'offre rien de particulier à noter. Elle est ve-
nue dans le service pour un eczéma de la face, du pourtour des
oreilles et des seins.

Du 6 au 14, les démangeaisons et l'exsudation se calment par le
traitement, lorsque le 15 la malade est prise dans la journée d'un frisson prolongé, de mal de tête, de fièvre et d'étouffements ; la nuit est
mauvaise, le sommeil nul, la fièvre et la céphalalgie sont très-intenses.
— Le 16 mars, les mêmes accidents persistent ; il s'y joint des nausées
et de la constipation. On aperçoit sur la tempe gauche une légère
teinte érysipélateuse se prolongeant vers la parotide.

17 *mars.* Mêmes symptômes généraux. La rougeur de la tempe a pâli,
mais il est resté de l'empâtement léger à ce niveau et deux ou trois
petits ganglions post-cervicaux sont indurés, mais indolents à gauche ;
un seul est douloureux à l'angle de la mâchoire. Le front est le siége
d'une plaque rouge foncée, érysipélateuse qui, décrivant un arc de
cercle sur le front, couvre en haut tout le côté droit de la face jusqu'à
l'angle droit du maxillaire inférieur.

Du bord inférieur de cette plaque en relief et à bord festonné, part
une traînée en forme de bandelette large de un à un centimètre et demi,
longue de huit environ, qui se porte du milieu de la joue à l'angle de
la mâchoire. Partout où la rougeur existe, la douleur à la pression est
des plus vives.

Derrière l'oreille droite la pression est douloureuse ; de ce point part une autre bande légèrement rosée, formant un ruban de un centimètre de largeur et qui remonte le long de l'angle de la mâchoire. Les ganglions de la région sont douloureux de ce côté ou simplement tuméfiés et indolents.

18 *mars*. Une nouvelle plaque érysipélateuse est apparue sur la joue droite, complétant la première et couvrant la pommette dans une étendue de 5 à 6 centimètres carrés. De cette plaque part une autre traînée rose rejoignant également comme un ruban l'angle du maxillaire et aboutissant au ganglion douloureux situé derrière lui, au-dessus de cette glande ; la rougeur est vive et la peau douloureuse.

19. — Toute la joue droite est envahie, la rougeur à augmenté, les paupières de l'œil gauche sont rouges et œdématiées, il y a beaucoup de fièvre et d'agitation. Constipation opinâtre depuis 8 jours· — 20 grammes d'eau-de-vie allemande.

20. — Le nez est envahi par la rougeur, l'œdème des paupières a augmenté, mais le ganglion de l'angle du maxillaire est moins volumineux et moins douloureux.

21. — L'éruption érysipélateuse pâlit sur le front et la joue droite.

22. — Le front et la joue droite sont en desquamation.

23. — Continuation du mieux et de la desquamation.

24. — Le mieux persiste. Il n'y a plus du tout de rougeur ni de tuméfaction des ganglions ; la malade demande à manger. Le 25 la convalescence est tout à fait établie. La malade sort guérie le 2 avril.

Il est très-peu fréquent de pouvoir faire ainsi dans un érysipèle la part de l'inflammation pure et simple de la peau et la part de la lymphangite. Dans l'observation Iʳᵉ, par exemple, où la lymphangite capillaire existait au plus haut degré, rien dans la rougeur érysipélateuse du visage, dans sa distribution, ni dans son mode d'extension, ne venait indiquer que tout le réseau lymphatique sous-cutané était atteint d'une inflammation si vive. Sans doute les caractères différentiels qu'on donne communément entre l'angioleucite réticulaire en plaque et la plaque érysipélateuse ont une valeur importante : la présence du bourrelet faisant relief aux limites de la rougeur, terminée elle-même par des arcs festonnés ; l'état grenu de la peau uniformément rouge distingueront une plaque érysipélateuse de la rougeur irrégulière formée par un entre croisement de stries ou de rubans d'un rose pâle qui caractérise ordinairement la lymphangite en réseau, et qui ne détermine dans la peau qu'un gonflement irrégulier qui n'a jamais le relief de l'érysipèle.

Mais si la distinction de la lymphangite *à côté de l'érysipèle* est relativement assez facile à faire, il devient à peu près impossible de reconnaître la lymphangite *sous l'érysipèle* par l'inspection seule de la rougeur et des autres caractères de la plaque érysipélateuse. L'apparition de certains symptômes généraux graves pourra peut-être servir davantage au diagnostic de cette complication lorsqu'on l'aura mieux étudiée.

Dans les cas rares où cette angioleucite a été constatée jusqu'à présent, on a observé en effet des phénomènes souvent très-graves : le délire, les vomissements, tout un cortége de symptômes qui semblaient annoncer une intoxication violente. Ces accidents, qui se sont produits par exemple avec une grande intensité dans l'observation I, et aussi à un moindre degré dans l'observation XV, qui précède, sont peut-être corrélatifs à la résorption des matériaux de l'exsudat devenus septiques, et l'angioleucite elle-même n'est peut-être que la conséquence des propriétés irritantes des produits résorbés. Quoi qu'il en soit, dans les cas où les capillaires lymphatiques de toute la région étant pleins de pus ou de globules blancs dans un état très-voisin de celui du pus, et ces éléments, qui distendent les lymphatiques au point de leur donner parfois le diamètre de la transversale de la face, étant versés sans cesse dans le torrent sanguin, on conçoit qu'il puisse se produire des accidents septiques analogues à ceux qu'on détermine expérimentalement chez les animaux en leur injectant du pus dans les veines.

Dans cet ordre d'idées, on serait peut-être conduit à considérer, à l'inverse de M. Maurice Raynaud, l'angioleucite de l'érysipèle comme contribuant à donner à celui-ci le caractère d'une infection septique, d'une *fièvre pestilentielle* dans le sens particulier que lui attribuait Hoffmann : dans ce cas, tandis que dans l'érysipèle simple, tout se bornerait à une *dermite* de moyenne intensité non compliquée de lymphangite. Il n'y a d'ailleurs, dans cette manière d'envisager les faits, rien qui préjuge des causes mêmes qui, *primitivement*, font d'un érysipèle une affection grave, revètant un caractère infectieux, tandis qu'un autre érysipèle reste simple et dépourvu de ce caractère. L'anatomie pathologique ne fournit ici, comme toujours du reste, qu'un seul enseignement, à savoir que l'angioleucite, loin d'être la lésion dominante dans l'érysipèle simple, paraît au contraire en rapport avec l'érysipèle grave accompagné d'une dermite très-intense, et pour ainsi dire suraiguë.

La lymphangite trajective se rencontre quelquefois dans l'érysipèle, surtout dans la forme traumatique. Il n'est pas rare de la voir se développer le long d'un membre, en même temps que le pourtour d'une plaie siégeant sur celui-ci s'entoure d'une rougeur érysipélateuse. Dans ces cas, elle est probablement amenée par les mêmes causes qui engendrent l'érysipèle. Sa gravité est aussi moins grande, comme l'a fait remarquer M. Chassaignac [1] ; et elle ne semble pas se comporter autrement que les lymphangites développées isolément à la suite des excoriations, des frottements et de tous les traumatismes légers auxquels on la voit succéder d'habitude. Elle peut même donner lieu à des abcès multiples siégeant le long des vaisseaux à diverses hauteurs, sans que pour cela l'érysipèle prenne un caractère sérieux de gravité. Il importe donc de la bien distinguer sous ce rapport de l'angioleucite des réseaux, qui apparaît avec l'érysipèle et pour ainsi dire au-dessous de lui. L'observation suivante montre un exemple de cette forme de lymphangite suppurée accompagnant l'érysipèle.

OBSERVATION XVI. — *Plaie du tiers inférieur de la jambe. — Erysipèle. — Lymphangite de tous les troncs du membre inférieur. — Abcès multiples le long des vaisseaux. — Guérison.*

Derret (Auguste), 34 ans, garçon marchand de vins, entre le 21 juin 1873 à la Charité, salle Saint-Jean, n° 14, dans le service de M. le profeseur Trélat.

Cet homme porte à la partie antérieure et inférieure de la jambe droite une plaie ancienne, mal soignée et qui s'étend en avant de la crête et sur la face externe du tibia, dont une portion est dénudée.

Cette plaie bourgeonne mal. Tous les matins on la trouve recouverte

---

[1] Chassaignac, *Trait. de la supp. et du drainage chirurg.*, art. ANGIOLEUCITE.

d'une couenne blanchâtre épaisse s'enlevant facilement par le frottement. Le 2 juillet, on cautérise la surface pultacée avec le chlorure de zinc, et les jours suivants elle devient rosée et de bonne apparence.

Le 13 juillet, frisson, fièvre (temp. = 38°,8) et apparition autour de la plaie d'une plaque d'érysipèle caractéristique, le lendemain 14. Cette plaque faisant relief, bordée par un bourrelet saillant, envahit d'abord le pied, puis remonte sur toute la jambe en s'arrêtant au-dessous du genou.

En même temps, une angioleucite trajective se montra, les traînées prenant pour point de départ la plaque érysipélateuse. — Les lymphatiques qui se rendent au pli de l'aine étaient tous pris, les glandes inguinales étaient dures, douloureuses et très-tuméfiées. Cette angioleucite s'éteignit peu après la disparition de la rougeur de l'érysipèle, qui dura jusqu'au 22 juillet et ne s'accompagna pas de symptômes généraux bien graves.

Le 25 juillet, on constate de la fluctuation à la partie interne de la malléole interne. Une incision est pratiquée et donne lieu à de l'écoulement purulent. Les jours suivants l'exploration de la jambe et de la cuisse montre que tout le réseau lymphatique du membre est pris et forme au côté interne une masse épaisse, empâtée, dure au toucher. — Le 29 juillet, la fluctuation, profonde, devient manifeste dans cette masse. Successivement on ouvre cinq autres abcès sur le trajet des vaisseaux lymphatiques, à savoir : deux à la face interne de la cuisse, un près de la malléole interne, un sur le cou-de-pied, et enfin deux à la région interne de la jambe.

Le 10 août, le malade est convalescent, les abcès multiples sont en voie de cicatrisation. L'état général est satisfaisant.

En résumé, l'inflammation proprement dite des réseaux lymphatiques autres que les capillaires, paraît devoir être considérée comme un épiphénomène ou une complication de la dermite érysipélateuse. Il n'en est pas de même de l'adénite, qui paraît à peu près constamment, et indique assez le rôle actif que joue le système lymphatique dans l'érysipèle. Depuis Borsieri[1], tous les auteurs ont noté cette adénite, qui devient elle-même une complication quand elle arrive à suppurer. Il resterait donc peu de chose à dire sur ce sujet si l'adénite n'avait pas été considérée dans ces derniers temps sous un jour tout nouveau par M. Maurice Raynaud. Dans le cours de la récente discussion qui a eu lieu à la Société médi-

---

[1] Borsieri, *loc. cit.*, et citation reprod, dans la clinique de Trousseau.

cale des hôpitaux au sujet de l'erysipèle, M. Raynaud a insisté sur le rôle protecteur des ganglions dans la propagation de l'érysipèle. Les glandes lymphatiques constitueraient, d'après lui, des barrières momentanées, qui, retardant la marche des matières septiques résorbées, permettraient à l'affection de se localiser. Ce que l'on sait du rôle des ganglions dans la généralisation des tumeurs, par exemple n'est nullement défavorable à cette vue ingénieuse[1].

§ 11. — *Des rapports de l'œdème avec les lymphangites. — Lymphangite profonde en plaques.*

Le rôle des lymphatiques dans la production et l'évolution des œdèmes a encore été peu étudié jusqu'à présent. Bichat disait seulement, à propos du mécanisme des hydropisies et après en avoir énuméré les causes : « Dans tous ces cas, on trouve les absorbants très-dilatés sur le cadavre : ils sont même pleins de fluides[2]. »

La dilatation constante des capillaires lymphatiques dans la peau œdémateuse, les modifications des troncs et des ganglions dans les hydropisies anciennes des membres font prévoir quelle est la part que prennent les lymphatiques à ces états morbides. J'essayerai dans ce dernier chapitre d'étudier quelques points de la question *des rapports de l'œdème avec la lymphangite*, qui ne paraît pas avoir été traitée jusqu'à présent d'une manière spéciale par les auteurs classiques.

La production de l'œdème d'un membre par suite d'une inflammation aiguë des lymphatiques de la région a été signalée surtout dans la *phlegmatia alba dolens*[3] des femmes en couches, affection qui répond très-probablement du reste à des lésions anatomiques multiples et souvent très-différentes. L'œdème blanc douloureux consécutif à la lymphangite n'en est pas moins une exception, et l'on n'en possède que peu d'observations bien complètes.

Je dois à l'obligeance de mon maître et ami M. V. Cornil, d'avoir pu étudier cette sorte d'œdème, qui s'est produit à

---

[1] *Voy.* la discussion in *C. R. de la Soc. méd. des hôp.* et *l'Union*, 1873.
[2] X. Bichat, *Anatomie gén.*, édition Maingault, 1818, t. II, p. 101.
[3] Grisolle, *Trait. de pathol. int.* p. 736.

la fois à l'état aigu dans le tissu cellulaire sous-cutané et dans la peau, sur une malade de la salle Saint-Vincent à la Charité. Dans ce cas, l'infiltration séreuse était consécutive à une suppuration de tous les ganglions lymphatiques et des ganglions inguinaux du membre inférieur, développée elle-même à la suite d'une inflammation suraiguë de la trompe utérine droite [1].

OBSERVATION. XVII. — *Grossesse.* — *Diarrhée et tuméfaction de la rate.* — *Anémie.* — *Acouchement avant terme d'un enfant mort-né.* — *Œdème douloureux de la grande lèvre et de la cuisse du côté droit.* — *Mort.* — *Autopsie.* — *Inflammation purulente des vaisseaux lymphatiques de la région crurale et des ganglions.* (C. par M. V. Cornil.)

La nommée M... (Marie), âgée de 36 ans, ménagère, entre le 3 juin 1873 à l'hôpital de la Charité, salle Saint-Vincent, n° 25. Elle est atteinte depuis trois semaines d'une diarrhée très-intense qui l'a affaiblie et qui l'a obligée à entrer à l'hôpital. Cette femme est enceinte depuis sept mois et demi; elle a toujours été souffrante depuis sa grossesse, elle est faible et amaigrie ; son teint est de couleur jaune paille, bien qu'il n'y ait pas d'ictère ; elle est dans un état de cachexie anémique très-prononcée. — Bruit de souffle à la base du cœur, au premier temps.

5 *juin.* Accouchement d'un enfant mort-né, ne présentant pas de traces de syphilis.

6. — La fréquence du pouls et la chaleur exagérée qui ont succédé à l'accouchement persistent, bien qu'il n'y ait pas eu de montée du lait. (T. 40°6 dans l'aisselle. — P. 120.) — Pas de vomissements, pas d'écoulement sanguin par le vagin.

La palpation de l'abdomen n'est pas douloureuse, l'utérus revient sur lui-même. — Par la palpation, on constate l'existence d'une tumeur volumineuse siégeant dans l'hypochondre gauche et descendant verticalement dans la fosse iliaque. Cette tumeur est dure, bosselée, mate ; elle présente à sa face antérieure et interne des bosselures séparées par des sillons transversaux. Bien que la diarrhée ait continué, on se demande si cette tumeur résulte d'une accumulation de matières fécales dures, et on prescrit une purgation.

7. — La tumeur observée la veille persiste, en sorte qu'on abandonne la première hypothèse faite sur sa nature. Au point de vue du

---

[1] L'observation suivante a été lue par M. Cornil à la Société anatomique. Voy. *Bullet.*, juillet 1873.

diagnostic de cette tumeur, on hésite entre une dégénérescence carcinomateuse du gros intestin (colon descendant), ou une hypertrophie de la rate. La malade, toutefois, n'a jamais eu de fièvre intermittentes. L'utérus revient sur lui-même ; la fièvre continue. La grande lèvre du côté droit et la région voisine de la cuisse sont tuméfiées et présentent un œdème douloureux avec coloration rosée de la peau. L'œdème s'étend sur la cuisse dans une longueur de 12 centimètres environ. — La miction est difficile, et les draps sont mouillés par l'urine.

10 *juin.* L'état général est des plus graves, la fièvre est intense. — T. 42°,5 dans l'aisselle. — P. 120. — L'œdème, douloureux, s'étend jusqu'au milieu de la cuisse et remonte jusqu'à la région inguinale. — La tumeur de l'hypochondre gauche reste la même, et comme il paraît certain qu'il s'agit là d'une tuméfaction de la rate, on se demande si la malade n'est pas leucocythémique. Le sang, examiné au microscope, suivant cette indication, est pâle, peu riche en globules rouges, mais il ne contient pas de globules blancs en excès.

11. — La malade meurt sans agonie dans le mouvement qu'elle fait pour prendre son crachoir.

Autopsie faite le 12 juin.

A l'ouverture de l'abdomen, on voit le foie très-gros, de couleur jaunâtre ; il occupe l'hypochondre droit, la région épigastrique, l'hypochondre gauche et déborde le rebord des fausses côtes. La rate est énorme et descend jusque dans la fosse iliaque : son bord antérieur libre présente les saillies et les dépressions que l'on avait senties à la palpation pendant la vie. L'utérus est revenu sur lui-même et n'est pas plus gros que les deux poings. Il n'y a pas d'adhérences intestinales.

Le foie est gras : le centre de ses lobules paraît jaune, tandis que eur périphérie est rosée.

La *rate* est considérablement tuméfiée. Sa forme est celle d'un gros haricot. Son bord antérieur présente une légère courbure à concavité antérieure et interne, et il offre à considérer trois dépressions transversales, profondes, séparées par des éminences. La longueur de la rate est de 20 centimètres ; son diamètre transversal de 17 à 18 centimètres ; elle est épaisse. Sa surface offre des saillies villeuses et un épaississement fibreux de la capsule splénique. Sa surface de section est rosée ; son parenchyme est peu résistant : en l'écrasant entre les doigts on obtient une petite quantité de boue splénique, de couleur rosée. La couleur de la section de la rate est uniforme ; les glomérules de Malpighi ne sont pas visibles.

L'estomac est normal. — Les ganglions mésentériques sont assez gros, mais leur couleur est normale. L'intestin grêle contient des matières liquides jaunâtres. Sa muqueuse est saine, sauf au niveau d'un diverticule pouvant loger l'extrémité du doigt. Là, la muqueuse épaissie forme une plaque saillante qui était constituée par une végétation de tissu conjonctif superficiel et une hypertrophie des glandes en tube de cette partie.

Le *gros intestin* contient aussi des matières molles; il n'est le siége d'aucune altération.

Les *reins* anémiés, lisses à leur surface, sont normaux.

Poumons. — Le poumon droit, libre d'adhérences avec la plèvre, est œdématié dans sa partie inférieure. La plèvre contient environ 20 grammes de liquide transparent. Le poumon gauche, emphysémateux à son lobe supérieur, est œdémateux à son lobe inférieur.

Cœur. — Petit. — Caillots gélatiniformes dans le cœur droit et dans le cœur gauche. La substance musculaire est très-pâle et grise. L'aorte est étroite et laisse à peine passer le pouce. Les valvules sont normales.

Le tissu conjectif de la *région inguinale* est infiltré de sérosité. En disséquant avec soin cette région et la région crurale, on voit trois cordons noueux, sinueux, blancs et remplis de pus qui se dirigent obliquement de bas en haut de la région crurale à la région inguinale, et de la partie interne à la partie moyenne de la cuisse. Ces vaisseaux, qui ne sont autres que des vaisseaux lymphatiques remplis de pus, sont suivis jusqu'aux ganglions de l'aine. Deux de ces vaisseaux lymphatiques remplis de pus se rendaient à un ganglion gros comme une aveline, qui lui-même était infiltré de pus, et qui était situé un peu au-dessous du pli de l'aine ; un des cordons lymphatiques étant coupé, on en fait suinter le pus bien lié qu'il contenait. Les ganglions et les vaisseaux lymphatiques de toute la région sont gros, mais les trois vaisseaux lymphatiques déjà signalés et deux des ganglions seulement sont remplis de pus : la cavité des autres vaisseaux est libre et le tissu des autres ganglions est ferme, gris et d'apparence normale. Les ganglions lombaires sont très-volumineux, gros comme des avelines, quelques-uns même comme de petites amandes. Le canal thoracique est lui-même très-large, mais son calibre est libre et perméable.

Les veines (veine saphène interne, veine crurale, hypogastrique) et les artères sont parfaitement vides de caillots.

L'utérus, qui, ainsi que nous l'avons dit, a le volume des deux poings, présente à sa surface interne l'insertion du placenta : on ne voit ni à sa surface, ni dans les ligaments larges, des lympathiques renfermant du pus ; il n'y a pas non plus de pus du côté droit dans les annexes et dans les vaisseaux qui se trouvent le long de l'utérus. Du côté gauche, il existe des fausses membranes fibrineuses molles et récentes unissant la trompe à l'ovaire ; à ce niveau existe une collection de pus siégeant dans les replis de la trompe dont une sinuosité est transformée en un petit kyste puriforme de la grosseur d'une noisette, et on observe là une péritonite localisée.

Les vaisseaux lymphatiques, ayant l'aspect de cordes infiltrées de pus, ont été disséqués, isolés et mis de suite avec les ganglions auxquels ils se rendaient dans l'alcool absolu. Quelques jours après il a été possible de faire des coupes transversales minces de ces vaisseaux. Ces préparations ont été colorées les unes avec le carmin pur, les autres au picrocarminate.

En faisant la section, il était facile de voir qu'on avait affaire à des vaisseaux contenant une masse facile à désagréger, malgré l'action de l'alcool pur ; cependant nous avons fait des préparations minces où tous les éléments contenus dans le calibre du vaisseau étaient restés en place. Voici ce qu'on y voit :

La paroi assez mince du lymphatique présente des globules de pus infiltrés entre les éléments dans toute son épaisseur.

Le calibre du vaisseau était complétement rempli de globules de pus ou globules lymphatiques plus gros, plus granuleux, moins condensés que les globules infiltrés dans le tissu de la paroi, comme cela a toujours lieu du reste dans les inflammations, les mêmes éléments, lorsqu'ils sont libres, étant plus gros, plus régulièrement sphériques que ceux resserrés entre des faisceaux de fibres. Il n'y avait pas de fibrilles de fibrine coagulée entre les globules libres dans le vaisseau ; il n'y avait pas non plus de globules rouges. La surface interne de la paroi du vaisseau ne montrait pas de cellules épithéliales proliférées. Cet exemple de lymphangite suraiguë différait par conséquent très-notablement d'un autre fait qui a été présenté à la Société anatomique par M. Thaon et dans lequel on voyait de nombreuses couches de cellules endothéliales tout le long de la paroi du vaisseau. Dans notre observation, tous les éléments contenus étaient de la même dimension et sphériques.

Autour du vaisseau et immédiatement en dehors de sa membrane externe, on voyait de très-nombreux corpuscules de pus répandus dans le tissu conjonctif et dans le tissu cellulo-adipeux enflammés d'une façon très-intense. Le tissu cellulo-adipeux en particulier, qui touchait le vaisseau, montrait des couronnes de petits globules de pus contenus dans la capsule des cellules adipeuses et entourant la goulette graisseuse plus ou moins résorbée.

L'un des ganglions enflammés, examiné au microscope, montrait des lésions de tous points comparables à celles du vaisseau.

Autour du ganglion, le tissu conjonctif et le tissu cellulo-adipeux sont remplis de globules de pus. La capsule du ganglion se confond avec l'inflammation du tissu périphérique. Dans la couche corticale, on voit sur des sections qui comprennent tout le ganglion, la coupe de vaisseaux lymphatiques afférents dilatés et remplis par du pus. Le système caverneux présente aussi un remplissage complet par des globules de pus. Après avoir traité ces sections par le pinceau, on peut s'assurer qu'il n'y a pas de pertes de substance des travées du système caverneux ganglionnaire. Les mailles du tissu réticulé folliculaire sont remplies aussi de globules blancs. Les éléments contenus dans le tissu ganglionnaire n'ont pas été examinés au microscope à l'état frais, mais sur les préparations après durcissement dans l'alcool on ne voit pas de cellules plates ni de grosses cellules résultant de la tuméfaction ou de la prolifération de celles-ci, mais seulement des globules de pus.

En résumé, cette observation est un exemple d'hypertrophie considérable de la rate et d'un développement très-prononcé des ganglions et de tout le système lymphatique sans leucocythémie, mais avec cachexie anémique. Survient une grossesse et un accouchement avan terme, puis une inflammation suppurative de la trompe gauche ; en même temps se produit un œdème inflammatoire de la grande lèvre et de la cuisse du côté droit. Cet œdème douloureux (*phlegmatia alba* des femmes en couches) est causé par une lymphangite dont le point de départ est très-probablement aux parties génitales externes. Au point de vue de l'histologie pathologique, cette observation est importante en ce qu'elle nous fait connaître les lésions de la lymphangite suraiguë. Ces lésions consistent dans l'accumulation de globules de pus dans le vaisseau qui est distendu dans la paroi même du vaisseau et dans le tissu conjonctif périphérique, spécialement dans le tissu adipeux. Elles s'accompagnent d'une infiltration purulente analogue des ganglions et de leur atmosphère cellulo-adipeuse.

L'étude anatomique complète des parties malades et la constatation de lésions considérables du système lymphatique donnent à l'observation de M. Cornil une très-grande importance. Un œdème, marqué au point qu'on a pu le rapporter à une phlegmatia alba dolens, a suivi l'inflammation lymphatique et ganglionnaire, et, bien qu'il ne faille accepter ici qu'avec réserve cet œdème douloureux pour identique avec celui de la phlegmatia régulière, le fait n'en est pas moins très-important pour l'étude des rapports qui relient les œdèmes avec les inflammations des vaisseaux lymphatiques.

Mais c'est surtout à la suite des inflammations chroniques des vaisseaux et des glandes lymphatiques qu'on voit l'œdème

se produire, persister, et envahir la peau qui s'indure.
Rigler, en publiant des cas d'œdème chronique de tout un
membre, survenus consécutivement à la suppuration et à l'a-
trophie fibreuse des ganglions inguinaux, a depuis longtemps
signalé et établi cette variété étiologique d'œdème admise
ensuite par Virchow comme *un œdème lymphatique*. Les observations VIII, XII, et surtout les deux suivantes, montrent
des exemples de cette forme d'œdème cutané et sous-cutané.
Le plus souvent on n'observe dans ce cas, outre la dilatation
des lymphatiques prolongée jusque dans le derme et l'infiltration de lymphe, que l'induration fibreuse des ganglions
signalée par Rigler. L'observation suivante est un exemple de
cet œdème lymphatique simple.

OBSERVATION XVIII. — *Œdème lymphatique du scrotum et de la peau
de la verge. — Transformation fibreuse des ganglions inguinaux consécutive à des chancres.* (Observation recueillie dans le service de
M. Lailler par M. Baréty).

Bazin (Édouard), charretier, âgé de 32 ans, entre le 10 juillet 1872
à l'hôpital Saint-Louis, salle Saint-Louis, dans le service de M. Lailler.
En mai 1872 il eut 2 chancres à la base du gland. Ces chancres s'ac-
compagnèrent d'un œdème considérable de la verge, empêchant dès le
début la mise à nu du gland, et d'une tuméfaction douloureuse des ganglions inguinaux.

Depuis lors, des ulcérations que l'on a rapportées à des plaques
muqueuses se sont produites aux bourses, au pourtour de l'anus et sur
la lèvre inférieure. Depuis lors pas d'autres accidents.

L'œdème a persisté et le malade entre à Saint-Louis dans l'état suivant. Les bourses et la peau de la verge sont le siége d'un œdème
chronique offrant le caractère éléphantiasique. Le gland peut être
cependant mis à nu bien qu'avec peine; les testicules, que l'on peut
sentir dans les bourses, à travers la peau épaissie et dure, sont intacts.

Le gonflement consiste en un œdème dur, indolent, qui cède à peine
à une pression prolongée du doigt. Cet œdème occupe principalement
la peau du scrotum et de la verge, qui est rose et lisse. Les ganglions
inguinaux sont indurés et plongés au milieu d'un tissu empâté. Ils
offrent le volume d'un gros haricot, et sont de consistance fibreuse et
indolents.

Cet œdème chronique n'est nullement amélioré par l'hydrothérapie.
Le malade sort non amélioré le 10 septembre 1872. Il n'est point survenu d'accidents syphilitiques.

Il existe aussi quelquefois dans cette forme d'œdème, outre l'induration fibreuse des ganglions, une forme singulière de lymphangite chronique caractérisée par une induration indolente formant autour du vaisseau une plaque allongée, dure et parfois noueuse. C'est cette forme de lymphangite qui, on le verra bientôt, se produit ordinairement quand la pression devient tout à fait exagérée dans les lymphatiques.

OBSERVATION XIX. (Personnelle.) — *Tuméfaction inflammatoire chronique des ganglions de l'aine, lymphangite tabulaire chronique. — Œdème chronique.*

Duport (Cléophas), garçon limonadier, âgé de 23 ans, entre dans la salle Saint-Louis (hôpital Saint-Louis), le 3 janvier 1872. Son père est mort il y a quelques années d'une affection pulmonaire; sa mère d'une tumeur maligne (cancer) qui, après avoir débuté par l'un des orteils et nécessité son ablation, s'était reproduite peu après dans la masse ganglionnaire de l'aine à gauche.

Cet homme, à l'âge de 15 ans, eut une fièvre typhoïde; comme accidents vénériens il n'accuse qu'une chaude-pisse qui guérit en 15 jours et ne fut pas accompagnée de gonflement notable des ganglions de l'aine. Il avoue être un buveur. Au mois de mai dernier, sans aucune cause appréciable; pas même les fatigues du siége, auquel il n'avait que peu participé, il vit survenir à la partie supérieure du triangle de Scarpa une tuméfaction ganglionnaire peu douloureuse pendant le repos, mais qui empêchait le redressement complet du membre, par la raideur qu'elle déterminait au pli de l'aine. A ce moment il n'existait aucune tuméfaction de la jambe, ni plaie d'aucune sorte. Le malade était alors dans son pays, on lui posa des sangsues, des cataplasmes et des emplâtres résolutifs; malgré ce traitement, au bout d'un mois, la poussée congestive aboutit à la suppuration de deux glandes qui s'ouvrirent et se cicatrisèrent en six semaines environ. Il sortit de ces ulcérations, dit le malade, un liquide blanc comme du lait. On voit encore aujourd'hui les cicatrices, qui sont du reste peu apparentes.

De retour à Paris, il consulta M. Ricord, qui annonça d'autres abcès prochains dans le pli de l'aine et ordonna des badigeonnages avec la teinture d'iode et des bains salés; les abcès ne se produisirent pas, mais la partie inférieure de la jambe commença à enfler. Après un assez long séjour à la campagne, il revint consulter M. Ricord. Il avait essayé de reprendre son travail : la tuméfaction du membre inférieur avait augmenté, elle était extrême ; M. Ricord lui conseilla d'entrer à l'hôpital, il s'y présenta le 3 janvier dans l'état suivant :

La masse ganglionnaire tuméfiée est bridée et coupée en deux par le ligament de Fallope ; au-dessus de ce ligament, le groupe des glandes longitudinales est fondu en un cordon dur, subjacent à la peau, qui est épaisse et rouge ; au-dessous du ligament, le triangle de Scarpa est rempli par une énorme masse ganglionnaire grosse comme deux œufs environ, molle, non fluctuante, mais comme élastique ; à la surface de cette tuméfaction principale se détachent des bosselures qui paraissent formées par de petites adénites, satellites de la principale. Le palper abdominal permet de constater la présence de masses ganglionnaires dans la fosse iliaque gauche et de masses ganglionnaires moins prononcées dans la fosse droite. Les téguments qui recouvrent les ganglions de l'aine n'offrent rien de spécial, rien qui puisse être considéré comme le point de départ de cette adénite chronique. Il n'y a rien non plus à noter au pied.

Dans l'aine droite il y a un développement moyen des ganglions de la région, mais rien de caractéristique.

La cuisse, la jambe, la région malléolaire du côté gauche sont le siége d'un œdème très-marqué, mais disparaissant partiellement, dit le malade, lorsqu'il garde le repos. Au-dessus des malléoles on trouve une bande rouge sombre, qui paraît due à la constriction habituelle qu'il exerce pour pouvoir mettre ses souliers. La peau de la jambe est non-seulement épaissie, elle présente encore un notable degré de pachydermie ; sur les deux jambes des varicosités cutanées, surtout à gauche.

La masse ganglionnaire inguinale et l'œdème de la jambe sont réunis le long de la face interne de la cuisse par une large bande indurée présentant une largeur de trois travers de doigt et se perdant en bas dans l'œdème. Cette traînée, tout à fait analogue à une lymphangite tabulaire profonde, reproduit d'ailleurs ce type en l'exagérant : on a la sensation d'une règle plate, un peu épaisse, enveloppée dans une étoffe. Il n'y a pas de rougeur, ni de desquamation au niveau de cette lésion qui suit rigoureusement la direction des lymphatiques qui se jettent dans les ganglions du triangle de Scarpa.

Les ganglions latéraux du cou sont peut-être un peu développés. On ne trouve rien au cœur, rien à l'auscultation de la poitrine, si ce n'est un peu de rudesse au sommet gauche. Le malade est un buveur, il n'a cependant pas de trémulation des doigts. La peau de l'avant-bras est fine et douce.

4 *janvier*. Au lit, l'œdème diminue, mais l'épaississement de la peau persiste. Dès que le malade marche, la jambe enfle.

5. — La masse ganglionnaire de l'aine gauche a diminué au-

dessus et au-dessous du ligament de Fallope. La peau n'offre que peu de modifications à ce niveau. — Iodure de potassium. Bains sulfureux.

6 *janvier*. L'œdème, l'épaisissement de la peau ont diminué, ainsi que la plaque inguinale et crurale.

9. — Même état. — Douches le long de la jambe gauche. Suppression des bains sulfureux.

13. — Hier, après la douche, le gonflement a un peu diminué. Frictions matin et soir sur la masse adénitique avec de la pommade à l'iodure de potassium à 3 gr. p. 30.

22. — La mensuration de la rate ne donne plus comme grand diamètre que 14 centimètres et comme petit diamètre 9 centimètres.

23. — Le sang pris sur un doigt de la main gauche et sur un orteil du même côté est examiné au microscope. On ne trouve rien d'anormal, si ce n'est une absence complète de globules blancs (examen fait par MM. Lailler et Baréty). Le traitement est continué ; le malade sort amélioré le 28 février.

Ces faits et leurs analogues conduisent, on le voit, à admettre une sorte d'œdème du tissu cellulaire lâche et de la peau, dont l'origine ne peut être attribuée qu'aux entraves apportées à la circulation lymphathique par l'inflammation des glandes et l'oblitération des vaisseaux qui se fait ensuite à leur niveau, quand elles sont devenues fibreuses. (*Voy.* Obs. VIII.) Quand on a l'occasion d'examiner de pareils œdèmes, il n'est pas rare de trouver dans les mailles du derme de la lymphe épanchée autour des capillaires lymphatiques, qui en sont eux-mêmes gorgés [1]. Dans toutes les observations on voit, en outre, la peau des parties œdématiées prendre rapidement le caractère éléphantiasique, et, en comparant les faits qu'on a sous les yeux avec les observations de Hendy, d'Alard et des autres médecins qui ont décrit l'éléphantiasis sous le nom de *mal glandulaire des Barbades*, de leucophlegmasie, etc., on est plus que jamais tenté d'opérer un rapprochement entre cette affection et nos œdèmes lymphatiques d'Europe, qui reproduisent pour ainsi dire trait pour trait la période d'infiltration œdémateuse de l'éléphantiasis exotique.

[1] Voy. à ce sujet l'obs. IX de ce mémoire, et Virchow, *Path. des tumeurs.* — Rindfleisch, *Histologie path.*, et Cornil et Ranvier, *loc. cit.* article Lymphangiôme.

Ainsi, l'œdème du tissu cellulaire lâche et de la peau peut résulter d'une lymphangite et d'une adénite, aiguës ou chroniques. Je vais étudier maintenant le rôle des lymphatiques, non plus dans la production de cet œdème tout à fait spécial qui vient d'être décrit, mais bien dans l'œdème séreux ordinaire, résultant de l'augmentation de la tension sanguine intrà-vasculaire.

Quand un œdème se produit brusquement dans un membre, à la suite, par exemple, d'une oblitération veineuse, on a beau explorer les vaisseaux lymphatiques au moment où l'œdème se développe, on n'en trouve aucune trace. Les ganglions ne se tuméfient pas sensiblement et ne sont pas douloureux à la pression. Cet état se prolonge ordinairement pendant tout le temps que l'œdème reste localisé dans le tissu cellulaire lâche ; mais dès qu'il envahit la peau, le système lymphatique se prend, le vaisseaux engorgés apparaissent à la racine du membre comme autant de petites cordelettes noueuses, dures, roulant sous le doigt comme des fils tendus, et les glandes lymphatiques prennent un sensible développement. Le paquet des lymphatiques, les ganglions sont alors très-douloureux à la pression, bien qu'il n'y ait pas de rougeur appréciable du tégument à leur niveau. Dans les œdèmes brusques que l'on voit évoluer sous ses yeux, comme la phlegmatia des femmes en couches, ces phénomènes sont très-faciles à constater.

Observation XX. (Personnelle.) — *Œdème blanc non douloureux des membres inférieurs chez une accouchée. — Phlébite, endopéricardite, pleurésie sèche à droite.*

Lescure (Marie), 26 ans, lingère, entre le 15 juillet 1873 à la Charité, salle Sainte-Marthe, n° 15, service de M. Empis.

Accouchée facilement et à terme, le 24 juin, elle éprouve, 17 jours après l'accouchement, des douleurs dans le membre inférieur gauche, surtout le long de la cuisse. Le 10 juillet en se réveillant elle s'aperçoit que le pied, la jambe et la cuisse gauches sont le siége d'une tuméfaction notable. La douleur si vive des premiers jours disparaît alors complétement, excepté quand la malade pose le pied à terre. En même temps survient de la fièvre avec frisson tous les soirs.

A son entrée on constate que la jambe, le pied, la cuisse sont très-tuméfiés ; le mollet sain, mesurant 24 centimètres en son milieu, celui du côté malade en mesure 34 ; l'œdème est blanc, indolent ; on ne sent pas de cordons noueux dans le triangle de Scarpa ni de cordelettes dures. On constate, en outre, tous les signes d'une endopéricardite et peu de jours après une pleurésie sèche qui ne présentent dans leur évolution aucune corrélation avec l'œdème. Celui-ci persiste sans changement jusqu'au 23 juillet ; il se produit alors des douleurs dans le membre abdominal droit, et, le 24, de l'œdème se montre de ce côté autour des malléoles; il n'y a toujours point de lymphatiques indurés dans le triangle de Scarpa. Le 1er août, l'œdème gagne la peau de la face interne de la cuisse en dessinant sur le tégument des traînées réticulées.

2 *août*. L'œdème de la peau continue, celui du tissu cellulaire a diminué. Dans le triangle de Scarpa on sent des cordons indurés douloureux qui contournent la face interne de la cuisse et se rendent dans les ganglions. Cette lymphangite profonde et cet œdème cutané durent encore le 10 août : la maladie suit son cours.

Le développement du réseau lymphatique, la douleur à la pression, l'induration des troncs et des ganglions ne permettent guère de douter qu'il ne se produise dans ces cas une lymphangite profonde, probablement par suite de la dilatation des capillaires lymphatiques de la peau, qui se gorgent de sérosité dès que celle-ci s'œdématie. Mais le rôle de ces vaisseaux n'est jamais plus actif *qu'au moment où les grands œdèmes se résorbent*. Alors, que la peau soit œdémateuse ou non, la tension exagérée produit fréquemment dans les lympathiques une véritable lymphangite subaiguë, et les cordelettes noueuses et douloureuses apparaissent.

OBSERVATION XXI (Personnelle). — *Avortement. — Phlegmatia alba dolens descendante. — Œdème des grandes lèvres. — Congestion des ligaments larges et du tissu périnéphrique.— Albuminurie passagère.— Développement des lymphatiques de l'aine au déclin de l'œdème douloureux.*

B..., demoiselle de magasin, 24 ans, primipare, d'une constitution assez faible, a cessé d'être réglée depuis six semaines. Elle ne se croit pas enceinte. Elle est entrée le 2 mars 1872 salle Saint-Landry, n° 7 (Hôtel-Dieu, service de M. Fauvel).

Il y a quelque symptôme d'embarras gastrique, courbature, douleur vive dans les lombes et au pli de l'aine, à gauche; les mouvements sont devenus très-douloureux dans le membre pelvien de ce côté. La douleur est très-exagérée par la pression au niveau de l'attache inférieure du psoas. Empâtement de la fosse iliaque. Apyrexie complète.

3 mars. Hier à 3 heures il s'est produit subitement une sensation de tension dans le membre inférieur gauche, qui a commencé à se gonfler. Ce matin, œdème considérable avec points douloureux au creux poplité, au niveau de l'arcade pelvienne. La douleur de ventre a diminué, langue blanche, un peu de dysurie, peu ou point de fièvre. L'œdème blanc douloureux augmente dans les deux jours qui suivent en respectant relativement le pied.

5. — Hier soir, empâtement de l'aine droite douloureux à la pression, œdème commençant de la cuisse. On touche ; le col est effacé, non franchement labié ; en le faisant basculer de droite à gauche on augmente la douleur lombaire à droite. Dans les aines, la pression est remarquablement douloureuse ; l'exploration la plus attentive n'y fait pas découvrir trace de ganglions ni de vaisseaux lymphatiques indurés. (Glycérine laudanisée et ouate ; catapl. belladoné, j. diacode.)

8. — La double phlegmatia s'est complétée, elle est actuellement un peu moins douloureuse ; les parties génitales externes sont très-tuméfiées depuis hier, les petites lèvres font hernie entre les grandes lèvres comme une sorte de crête turgide et double. Écoulement sanguin d'odeur lochiale à travers le col de l'utérus effacé, un peu gros. Il ne s'est pas écoulé de caillots. Diarrhée très-intense depuis avant-hier ; cependant, malgré tout, il y a sédation générale.

9. — Avortement. Œuf gros comme le poing d'un enfant de dix ans, œdématié, sans embryon distinct, mais pourvu d'un placenta très-touffu et semé d'hémorrhagies. (C'est une môle utérine.)

10. — Beaucoup de mieux. Plus de douleurs de ventre, les douleurs se localisent sur la cuisse droite ; la circulation veineuse collatérale disparaît peu à peu.

11. — Diminution considérable de l'œdème. Mais on voit se développer dans l'aine et de chaque côté une modification très-singulière. Sur une largeur de trois travers de doigt environ, au-dessous du pli de l'aine on sent une multitude de cordes noueuses moniliformes, roulant sous la peau, douloureuses à la pression. Ces cordes suivent le trajet général des lymphatiques de la région et parties du bord interne de la cuisse vers sa partie moyenne ; elles couvrent le triangle inguino-crural d'un réseau serré au milieu duquel on distingue les glandes qui forment un relief plus considérable.

13. — Les choses étaient dans cet état et l'œdème diminuait sensiblement, lorsqu'il se produit sans cause appréciable une grande douleur au niveau du mollet droit qui est trouvé ce matin considérablement tuméfié, ainsi que le pied correspondant. Vers le milieu du mollet, rougeur en nuage, d'où part une traînée de lymphangite superficielle et trajective gagnant le triangle de Scarpa, toujours occupé par des cordelettes noueuses.

14 *mars*. La poussée angioleucitique aiguë s'est terminée.

15. — Hier soir, frissons répétés, léger écoulement sanguin par le vagin, œdème assez considérable de la paroi abdominale à droite, douleur vive à la pression dans l'hypochondre droit qui est le siége d'un empâtement notable. Urine albumineuse contenant du sang. La phlegmatia a de beaucoup diminué.

A partir de ce jour l'œdème se résorbe régulièrement. La malade est pendant ce temps atteinte d'une série d'autres accidents qui n'ont plus de rapports avec son œdème douloureux; il se produit dans le flanc droit une tumeur considérable, douloureuse. Cet état s'accompagne d'hématuries. Au bout d'un mois environ cependant tout rentra dans l'ordre, mais pendant sa convalescence la malade prit une variole et ne sortit guérie du service qu'au mois de juin 1872.

La forme de lymphangite qui se montre au moment où se produit un œdème brusque de la peau, ou qu'un œdème considérable vient rapidement à se résorber, a été encore très-peu étudiée ; on pourrait même dire qu'elle reste entièrement à décrire, car son existence même n'a été signalée par aucun auteur classique. Un cas particulier de cette forme, *la lymphite valvulaire* (Bazin), a seulement fait l'objet d'une courte note de M. L. Dupuy, dans les *Archives de dermatologie* [1] ; je chercherai à mon tour à montrer ici quelques-uns des caractères principaux qui la distinguent des autres lymphangites.

La lymphangite profonde qui survient à la suite de certaines lésions cutanées très-superficielles qui s'accompagnent régulièrement de beaucoup d'œdème, constitue le type de cette affection singulière, que mon excellent maitre M. Lailler désigne sous le nom de *lymphangite en plaque*, et qu'on observe assez fréquemment à l'hôpital Saint-Louis. Le plus ordinairement elle se montre quand une poussée eczémateuse se produit sur le dos de la main, le pied, etc., avec assez d'intensité pour s'accompagner d'une grande tuméfaction des parties. Au moment où l'éruption a acquis son maximum d'intensité, des nuages roses se développent sur le membre et des rubans superficiels en partent pour se rendre aux ganglions correspondants, tuméfiés et douloureux. Ces rubans n'ont point

[1] Observation de lymphite valvulaire in *Archives de dermatologie et de syphiligraphie*, 1871.

d'épaisseur, ne forment pas de nouûre dans la peau et suivent rigoureusement le trajet des lymphatiques.

La durée de cette angioleucite est éphémère, mais à peine a-t-elle commencé à s'effacer sous l'influence du repos ou du traitement, à peine les traînées lymphatiques cessent-elles d'être douloureuses et d'un rouge carminé pour desquamer et disparaître, qu'on voit les lymphatiques profonds s'indurer, se tendre dans les plis de flexion comme des cordes, et rendre l'extension impossible par la douleur que déterminent les mouvements un peu étendus du membre.

Autour de ces cordes douloureuses que forment les lymphatiques indurés, le doigt sent un empâtement d'abord un peu diffus, puis au bout de quelque temps très-nettement limité. Il semble que le vaisseau soit englobé dans un cylindre, ou un demi-cylindre, ou une sorte de table solide faisant corps avec lui, et adhérent à la peau par un de ses plans-côtés s'il s'agit d'un lymphatique superficiel, ou roulant sous la peau entre les plans musculaires si la lymphangite est plus profonde. La sensation qu'on éprouve en saisissant ces indurations qui s'étendent comme en nappe, à deux, trois et même quatre centimètres du lymphatique enflammé, est tout à fait analogue à celle que produirait un corps solide couvert d'une étoffe un peu épaisse (Lailler).

La douleur qui accompagne ces lymphangites en plaques est assez obscure, la pression l'exagère faiblement ; la gêne tient plutôt à la roideur du membre qu'à toute autre cause, exactement comme dans la lymphangite aiguë trajective.

Au niveau des plaques et des trajets indurés, la peau n'offre ordinairement aucune rougeur, ou une très-légère teinte rosée: on trouve seulement un peu de desquamation furfuracée quand antérieurement il s'est produit le long du même vaisseau une poussée de lymphangite trajective.

L'observation suivante est un type de lymphangite en plaque.

OBSERVATION XXII. (Personnelle). — *Eczéma impétigineux des mains.* — *Lymphangite avec induration en table des lymphatiques des deux bras.* — *Guérison en 21 jours.*

Ricard (Louis), opticien, âgé de 35 ans. Entré le 8 juin 1870, n° 26, salle Saint-Louis, dans le service de M. Lailler (hôpital Saint-Louis).

Antécédents de famille nuls au point de vue dermatologique. Le malade est lui-même strumeux, a eu la gourme dans son enfance ainsi que des ophthalmies, puis la gale. Il prit la syphilis il y a 7 ou 8 ans (Chancre induré à longue évolution. — Plaques muqueuses anales et gutturales, pas d'autres accidents). — Depuis cette époque, la santé est satisfaisante, sauf quelques douleurs rhumatoïdes. Il y a environ 5 mois, cet homme, qui a habituellement la main droite mouillée et la gauche sèche (il est polisseur de lentilles) vit survenir au médius gauche une éruption eczémateuse pour laquelle il consulta M. Bazin. Le traitement par les alcalins fut prescrit et fut sans influence sur l'éruption qui, depuis 6 ou 7 semaines environ, s'est généralisée aux deux mains.

Cette poussée très-aiguë s'est accompagnée de fièvre et de courbature, puis l'éruption devint confluente, les mains se tuméfièrent, des douleurs se firent sentir le long du membre, parcouru par des traînées roses, et des tumeurs douloureuses se montrèrent dans les aisselles. Ces derniers accidents se sont peu à peu calmés, du moins relativement, et actuellement le malade est dans l'état suivant :

Éruption. — L'éruption occupe la face dorsale des deux mains, plus intense à droite qu'à gauche ; elle est constituée par des vésicules très-petites, semblables à des gouttes très-minimes de rosée, et disséminées sur la peau rouge, tendue, tuméfiée et douloureuse. Outre cette lésion, on voit un certain nombre de pustules véritables, isolées ou agminées, origines de croûtes et de crevasses sécrétantes surtout nombreuses à droite au niveau des plis articulaires. La peau, rouge, tendue, tuméfiée, est épaisse, sillonnée de plis au niveau desquels la peau desquame. Le point où la lésion élémentaire est le plus visible est le médius gauche; la lésion ancienne se voit surtout à droite.

Lymphangite. — Du côté droit, l'angioleucite secondaire est en voie de décroissance, cependant le long du bras on sent un cordon lymphatique situé à la face interne du membre suivant le trajet de la basilique. Ce cordon tient à la peau qui est rude, finiment plissée à ce niveau et présente une nuance fauve (desquamation consécutive à l'érythème), et quand on le prend entre les doigts il semble qu'on ait la sensation d'un demi-cylindre enveloppé dans le tégument. la face plane du $\frac{1}{2}$ cylindre répond à la traînée cutanée que nous venons de décrire et la surface arrondie roule dans le tissu cellulaire sous-cutané. Son diamètre peut être approximativement évalué à un centimètre.

A gauche existe le long de l'avant-bras, dans la direction de la veine médiane, un ruban lymphangitique rose pâle, large de un centi-

mètre et demi à deux centimètres, douloureux à la pression, mais sans
induration; celle-ci apparaît seulement au bras. A 4 travers de doigt
au-dessus du pli du coude et à la face interne, existe une plaque rose,
large et diffuse, au-dessous de laquelle on sent une induration en tablette faisant corps avec la peau, terminée par un bord arrondi et se
continuant insensiblement à ses deux extrémités par un cordon dur,
douloureux, du diamètre d'une plume de corbeau et se perdant dans
le creux axillaire dont les glandes ne sont pas engorgées, ni à droite
ni à gauche. (B. simple. — Manuluves d'amidon. — Enveloppement.)

12 *juin*. — La rougeur en traînée du membre gauche a beaucoup
pâli, la large plaque fusiforme du bras est devenue très-petite en conservant cependant sa forme. Le demi-cylindre d'induration s'amoin-
drit.

14. — Plus de sensation de demi-cylindre adhérent à la peau du côté
droit, mais bien celle d'un cordon mince comme une petite ficelle. La peau
est en train de desquamer à ce niveau; à gauche la plaque fusiforme
s'est transformée en un cordon arrondi peu douloureux et non adhérent à la peau. Il n'y a pas de desquamation à ce niveau.

16. — Le cordon de gauche est filiforme, mais encore légèrement douloureux, le malade ne peut se coucher sur le côté gauche à
cause de la douleur que lui cause la compression du bras. A droite,
il n'existe plus aucun vestige du cordon angioleucitique.

21. — Persistance du cordon gauche devenu imperceptible. Il
y a cependant douleur à gauche. (L'éruption eczémateuse s'est considérablement modifiée par le traitement indiqué, notamment par l'enveloppement dans la toile caoutchouquée.)

25. — Plus de cordon, l'éruption cutanée est presque entièrement
disparue.

29. — Exeat. — Le malade sort guéri.

La corrélation de la lymphangite avec l'œdème est ici très-
évidente. L'apparition des indurations en plaques le long des
vaisseaux lymphatiques a coïncidé, dans l'observation qui précède, avec l'affaissement de l'œdème à droite, et ces indurations présentaient des caractères bien différents de ceux
de l'angioleucite trajective qui se montrait du côté gauche.
La lymphangite en plaque ne saurait en effet être confondue
avec aucune autre affection des vaisseaux. La phlébite, et
l'angioleucite trajective ne donnent pas au doigt explorateur
la sensation d'empâtement circonscrit en forme de nappe, et
ces deux inflammations, très-douloureuses à la pression, dif-

fèrent complétement d'une lésion presque indolente au niveau de laquelle la peau présente même un léger degré d'anesthésie, qui se prolonge parfois assez longtemps, après que la plaque indurée a disparu.

L'évolution de la lymphangite en plaque, comme celle de l'angioleucite subaiguë qui se produit dans le déclin de la *phlegmatia alba dolens*, ne se fait pas très-rapidement. Elle dure communément de une à deux semaines, pendant lesquelles on voit la tablette indurée, ou le demi-cylindre périlymphatique diminuer graduellement, devenir filiforme, puis enfin disparaître. Il est très-rare que cette lésion passe à l'état chronique comme dans l'observation XIX de ce mémoire. Elle commence à s'effacer d'ordinaire dès que l'œdème a disparu. Quant à la suppuration, elle doit être exceptionnelle dans la lymphangite en plaque; je n'ai pu en recueillir une seule observation dans ces trois dernières années.

Quelle est maintenant la nature et la cause de cette lymphangite subaiguë qui semble en quelque sorte liée aux œdèmes? Il est très-probable que dans cette variété l'augmentation de la pression intra-lymphatique joue un rôle important. Cette pression arrive à son maximum quand l'œdème se résorbe, et la suractivité du cours de la lymphe amène probablement une irritation du vaisseau qui s'accompagne d'induration périlymphatique, peut-être due à la fois à l'irritation de l'atmosphère celluleuse et à l'accumulation autour du vaisseau d'une certaine quantité de lymphe.

Cette dernière hypothèse, qui ne peut être formulée qu'avec de grandes réserves réunit cependant en sa faveur un certain nombre d'arguments, et parmi les plus importants l'espèce de continuité qui existe souvent entre la plaque périlymphatique et l'œdème lui-même.

OBSERVATION XXIII (Personnelle). — *Lymphangite trajective du membre supérieur avec œdème périlymphatique se localisant autour des vaisseaux à mesure qu'on s'approche du creux axillaire.*

Laurent (Stéphane), marbrier, entré le 15 novembre 1871 salle Saint-Louis, n° 39 (Service de M. Lailler, hôpital Saint-Louis).

Ce jeune homme, âgé de 19 ans, s'introduit, il y a trois semaines, une éclisse tranchante et fine de marbre sous la peau de la face dorsale de l'annulaire droit. Il en résulta un abcès, puis une ulcération qui fut de nouveau irritée par le travail que cet ouvrier n'avait pas voulu discontinuer; le bras devint rapidement douloureux au pli du coude, puis partout ailleurs. Le membre est actuellement œdématié dans sa totalité. Sur l'avant-bras existe une rougeur diffuse se terminant par une sorte de traînée qui remonte jusqu'au bord épitrochléen du pli du coude. Au bras, la face interne et la saillie bicipitale sont envahies sur une étendue égale à la paume de la main par une rougeur carminée pâle, congestive, reposant sur une induration œdémateuse assez remarquable. En effet, l'œdème diffus à l'avant-bras semble se circonscrire sous la plaque rouge du bras, au-dessous de laquelle une large induration en table commence à être sentie distinctement. Cette induration suit les vaisseaux lymphatiques le long du bord interne du bras et se perd avec eux au voisinage de l'aisselle. Il n'y a pas de nouûre distincte, point de ganglions dans l'aisselle, le malade n'a pas de sensation de corde au pli du coude. En effet, l'induration périlymphatique n'existe pas au pli cubital, du moins à l'état distinct. — Au niveau de la plaque brachiale la douleur est âcre mordicante.

Le ganglion épitrochléen n'est pas tuméfié. Cette poussée de lymphangite œdémateuse n'a été accompagnée d'aucun appareil fébrile. (Cataplasme de fécule, bains d'amidon.)

28 *novembre.* Le malade sort guéri. La tuméfaction en table est devenue nettement fusiforme. Elle a décru de jour en jour sans présenter d'autres particularités. Le malade sort le 29 guéri de sa petite blessure et de la complication.

Quoi qu'il en soit, les faits qui précèdent conduisent à supposer que les lymphatiques jouent un rôle important dans la production des œdèmes, et qu'ils paraissent être les voies principales d'élimination de la sérosité, quand celle-ci est résorbée. Leur activité est surtout évidente lorsque l'œdème occupe la peau, origine principale des capillaires lymphatiques, et l'on voit se développer, quand cette activité devient excessive, des formes particulières de lymphangite dont le type est l'*angioleucite en plaque.*

L'étude comparative que j'ai tenté de faire conduit à montrer en somme qu'en déterminant dans la peau des lésions analogues (dermites — lymphangites), une maladie comme l'érysipèle et un symptôme commun à des affections diverses comme l'œdème de la peau, peuvent conduire à des résultats très-analogues. Lorsqu'en effet des causes quelconques, même très-différentes, ont produit dans un tissu donné certaines lésions, l'évolution de ces dernières se fait individuellement dans le sens particulier à chacune d'elles, sans que souvent la cause première ait sur le résultat ultime une bien grande influence. C'est pour cela qu'on trouve entre l'œdème cutané et l'érysipèle (qui sont pourtant deux choses bien différentes en pathologie) une foule de points communs qui conduisent à des rapprochements curieux. C'est aussi pour cela qu'ils ont des conséquences communes, que l'un et l'autre donnent naissance à des hypertrophies de la peau et à des lésions lymphatiques ; c'est à cause, enfin, de leurs nombreuses ressemblances anatomiques qu'ils se transforment si fréquemment et si facilement l'un dans l'autre.

OBSERVATIONS.

Les observations qui suivent corroborent les faits énoncés
dans la première partie de ce mémoire. Elles ont fourni les
matériaux de l'étude de la lymphangite érysipélateuse, des
phlyctènes, des dermites œdémateuses hypertrophiques, de
l'œdème lymphatique, etc. Je ne les ai reportées à la fin de
mon travail que pour ne point charger de détails cliniques la
description anatomique qui fait l'objet des deux premiers
chapitres, mais à laquelle ces observations servent pour ainsi
dire de témoins.

§ Ier.

LYMPHANGITE DANS L'ÉRYSIPÈLE.

OBSERVATION Ire (Personnelle). — *Érysipèle de la face et
du cuir chevelu. — État adynamique grave. — Mort. —
Lymphangite capillaire au niveau de la peau enflammée.*

Thuon (Joseph), 35 ans, garçon de salle, entre le 24 février
1873 à la Charité, salle Saint-Michel, n° 13, dans le service
de M. Empis.

25 *février*. Les renseignements que l'on a sur cet homme
sont très-incertains, ceux qu'il a donnés hier à la visite du
soir se bornent à ceux-ci : huit jours de maladie; depuis
3 jours, rougeur de la face et fièvre. Comme il était seul dans
sa chambre, il est venu à l'hôpital.

Hier, à son entrée, ce malade était porteur d'une rougeur
érysipélateuse qui couvre tout le côté droit de la face et du
front, avec une plaque allongée d'érysipèle sur la joue gauche
et tuméfaction assez considérable de l'oreille du même côté.

Il est atteint maintenant de délire absolu et ne répond à aucune question.

Actuellement l'éruption occupe toute la partie gauche de la face, à l'exception de l'oreille ; la rougeur, lie de vin, est bornée en bas par une ligne courbe suivant à peu près la ligne d'insertion des favoris, et se terminant en dedans sur le sillon naso-labial. La face dorsale du nez est tuméfiée et couverte d'une rougeur violacée, sur la face latérale gauche du nez, cette rougeur se prolonge et rejoint une tache triangulaire qui couvre la joue gauche, s'arrête en dedans par un bourrelet œdémateux au niveau du pli naso-labial et rejoint en dehors une plaque plus vaste qui englobe toute la partie externe de la face et l'oreille du même côté.

La région sus-hyoïdienne est le siége d'un œdème peu considérable, blanc et luisant, résistant sous le doigt. Le front est recouvert d'une rougeur qui diminue d'intensité sur le cuir chevelu, peu abondamment pourvu de cheveux et où il n'existe plus qu'une teinte rose très-légère. A ce niveau, l'empâtement est facile à constater, la peau conserve l'impression du doigt ; autour des yeux l'éruption est distribuée de façon que la paupière supérieure seule soit prise ; la tuméfaction est d'ailleurs légère et n'empêche pas le clignement. Sur ce point, ainsi qu'à l'oreille, l'œdème a seulement donné aux parties un aspect comme épaissi, les deux plis de flexion de la paupière supérieure sont excessivement marqués. La paupière inférieure, au contraire, est réservée, l'érysipèle ne dépassant pas le pli oculo-nasal.

L'oreille gauche est surtout envahie par l'éruption ; le pavillon est le siége d'un œdème de la peau très-considérable, le lobule a acquis les dimensions d'une noix. Quand on touche la partie ainsi tuméfiée, elle résiste sous le doigt comme un moulage de cire, elle est devenue roide et dure. La peau est épaissie et luisante, colorée en rouge sombre, et présente par places une surface chagrinée, qui la fait ressembler au péricarpe d'une orange. A l'extrémité inférieure du lobule, existent un certain nombre de petites phlyctènes à leur début. Le lobule a entièrement perdu sa souplesse ; il donne au doigt la sensation particulière fournie par le tissu adipeux quand on l'a fait congeler.

Il n'existe chez ce malade aucune rougeur appréciable à la gorge. Les ganglions lymphatiques du cou ont atteint la grosseur d'une petite amande et roulent sous le doigt dans le tissu cellulaire œdématié.

Les symptômes généraux sont d'une grande intensité : délire, — trémulation générale et continuelle. La langue est blanche mais sans beaucoup de sécheresse. Il n'y a pas eu d'évacuations alvines depuis le moment de l'entrée. Le ventre s'est considérablement météorisé depuis ces dernières vingt-quatre heures. Le cœur présente un volume normal, ses battements, bien que très-précipités, ne donnent que peu d'impulsion à la main. Quand on ausculte ils paraissent sourds, le second a un timbre fortement métallique.

De 98 qu'il battait hier matin, le pouls s'est élevé à 104 ; il est très-dur et très-petit. Ses caractères se sont un peu modifiés après une saignée de 400 grammes prescrite par M. Empis; il est toujours petit, mais moins dur, un peu récurrent, régulier, battant 144 fois par minute à midi. Il y a 44 respirations. Temp. axillaire 39°. Les urines s'écoulent involontairement et n'ont pu être recueillies.

Mort à 4 heures du soir dans cet état.

Autopsie pratiquée 24 heures après la mort :

Cavité thoracique. — Les deux poumons présentent de l'engouement à un notable degré, aux deux bases et en arrière ils sont gorgés de sang noir, de telle sorte qu'il existe une sorte d'apoplexie diffuse à ce niveau (Cette lésion s'est probablement faite pendant l'agonie). Plèvres saines.

Le cœur est de volume normal, sans altération valvulaire ; le myocarde est mou, flasque, notablement graisseux ; il n'y a pas de traces d'endocardite. A droite, le ventricule et l'oreillette sont gorgés de caillots noirs, gélatiniformes. L'aorte est notablement athéromateuse.

Tube digestif. — Il ne présente rien de remarquable à noter, aucune lésion érysipélateuse dans le pharynx et l'œsophage. Point d'ulcération dans l'intestin ni l'estomac. Cavité péritonéale saine.

La rate est grosse, diffluente, à l'état de boue splénique. Il n'y a aucune trace d'abcès ni d'infarctus dans son parenchyme.

Le foie est volumineux, atteint de dégénérescence graisseuse, la graisse occupe comme à l'ordinaire la périphérie des lobules ; il en résulte un aspect granité, les points rouges ou violets qui marquent le centre des lobules tranchant sur la coloration uniformément jaune fauve du parenchyme hépatique. Il n'y a point d'abcès métastatiques.

Les reins sont sains, un peu congestionnés. La vessie renferme de l'urine albumineuse.

Cavité crânienne. — Les méninges sont légèrement infiltrées de sérosité, mais il n'y a ni méningite ni adhérence de la pie-mère à la substance grise, ni enfin d'état rosé de celleci. Les ventricules contiennent un peu de sérosité, la substance blanche offre un très-léger piqueté, surtout à la périphérie.

Téguments. — Au niveau du cuir chevelu, il existe seulement de l'œdème ; la peau n'est pas rigide et laisse écouler facilement sa sérosité ; le tégument glisse à ce niveau très-librement sur les parties profondes.

A la face, sur les points occupés pendant la vie par l'érysipèle, la peau est d'un rouge lie de vin sombre ; l'état rugueux de l'épiderme semble légèrement exagéré. A la coupe, la peau est dure, homogène, faisant corps avec le tissu cellulaire sous-cutané ; la surface de la section est blanche ou blanc grisâtre, analogue à celle d'un sarcome ; la graisse, surtout au niveau de la boule de Bichat et du lobule de l'oreille, est ferme et résistante, faisant corps avec la peau.

Dans le tissu cellulaire œdématié du cou, on trouve les ganglions latéraux tuméfiés gros comme de petites noix, offrant une coloration rose violacée et des arborisations vasculaires nombreuses à leur surface. Sur une coupe on voit un piqueté de vaisseaux très-abondant, surtout dans la partie corticale de la glande.

Dans les veines de la face, de l'encéphale, de la dure-mère et du cou, on n'a trouvé ni pus ni trace de phlébite.

Les particularités les plus remarquables qui se sont rencontrées dans ce cas à l'examen histologique sont, outre l'infiltration cellulaire et la prolifération des cellules platés qui étaient très-marquées : 1° l'inflammation des troncs lymphatiques de la partie moyenne et profonde du derme et du tissu

adipeux ; 2° la production de phlyctènes et de phlycténules qui
a pu être suivie d'une manière complète. (La description de la
lymphangite érysipélateuse et celle des phlyctènes et des
phlycténules ont été faites sur des lambeaux de la peau du
front, de la joue et de l'oreille gauche du malade dont nous
venons de rapporter l'observation.)

ÉVOLUTION DES PHLYCTÈNES.

OBSERVATION II. — *Érysipèle phlycténoïde de la face et du
cou. — Développement des phlyctènes par poussées successives. — Guérison.* (Observation personnelle.)

Fromentin (Françoise), domestique, âgée de 35 ans, entre
le 15 mai 1873 dans la salle Sainte-Marthe (hôpital de la
Charité). Cette malade est d'une bonne constitution ; elle n'a
jamais eu d'érysipèle.

Le mardi 13 mai elle est prise d'un érysipèle de la face accompagné de fièvre ; depuis quelques jours elle éprouvait un
sentiment de malaise général, les ganglions longitudinaux du
cou s'étaient engorgés, enfin le 13 elle vit survenir de la rougeur et du gonflement sur l'oreille droite. La malade dit
s'être exposée à un coup d'air, mais elle avoue qu'en accro-
chant ses boucles d'oreilles quelques jours auparavant, elle
s'était écorché le lobule de l'oreille droite.

Avant son entrée à l'hôpital elle s'était purgée ; enfin, le
vendredi matin 16 mai, nous la trouvons dans l'état suivant :

16 mai. La malade avait hier soir le pouls à 100, et la
température 39 4/10 ; ce matin nous trouvons le pouls à 104
et une température de 39,2. Le gonflement et la rougeur érysipélateuse ont envahi les deux moitiés de la face, et forment
un masque à peu près symétrique ne dépassant pas en haut
la marge des cheveux : le menton est respecté, le bourrelet
atteint cependant jusqu'au niveau du bord supérieur de l'os
hyoïde, de telle sorte que l'érysipèle envahit toute cette région et affecte la forme d'un croissant dont les deux cornes
iraient rejoindre les plaques érysipélateuses des joues. La
région mastoïdienne droite est légèrement tuméfiée. Quelques phlyctènes occupent la région sourcilière droite, quelques

autres sont déjà affaissées et occupent la racine du nez du côté droit. Les ganglions longitudinaux du cou ne peuvent être sentis à cause du gonflement douloureux.

A l'auscultation de la poitrine, on trouve quelques râles sibilants disséminés dans toute la hauteur du poumon des deux côtés. Rien au cœur. La voix est normale. La langue est blanche. Pas de diarrhée. Pas de délire. La malade, tout en étant abattue, répond cependant très-nettement aux questions.

17 mai. — Les parties que nous trouvions hier atteintes par le gonflement érysipélateux sont aujourd'hui plutôt en décroissance qu'en état d'augment. La tension, la rougeur ont plutôt diminué. Mais au niveau de la lèvre supérieure, des joues et de la partie droite du nez, nous trouvons des phlyctènes pleines d'une sérosité opaline, tandis que celles qui occupaient la région sourcilière sont presque toutes affaissées. Le cuir chevelu est intact, la voix est libre; la poitrine est toujours remplie de râles sibilants. L'état général est toujours bon; pouls, 96; température, 39,2.

Soir. — Même état général. On ne sent toujours pas les ganglions sous-mastoïdiens. La malade transpire beaucoup, et accuse de vives souffrances. Pouls, 110; température, 38,6.

18. — Le gonflement et la rougeur sont toujours limités en haut par le cuir chevelu, qui est intact. Le front, d'un rouge vineux mat, est couvert de croûtes provenant d'anciennes phlyctènes. Ces croûtes sont nombreuses sur la joue droite, surtout au niveau de l'angle interne des paupières, du sillon palpébral inférieur et de la lèvre supérieure. Ces régions, ainsi que l'oreille et la région mastoïdienne du côté droit sont gonflées, indolentes, et n'offrent pas l'aspect luisant que nous trouvons sur la joue gauche. Celle-ci, en effet, est tendue, luisante, douloureuse; elle ne présente pas de phlyctènes; on trouve cependant quelques petites bulles sur la partie droite de la lèvre supérieure. L'oreille gauche est rouge, tendue, luisante, très-douloureuse et offre une consistance quasi-cartilagineuse. Les régions mastoïdienne et trapézienne gauche sont aussi le siége de cet œdème inflammatoire douloureux, œdème qui s'étend jusqu'au niveau de la ligne blanche cervicale postérieure. Au niveau du bord anté-

rieur du trapèze, on observe un groupe de phlyctènes globu-
leuses, chacune du volume d'un gros pois, agminées, trans-
parentes et pleines d'une sérosité limpide. Ces bulles
phlycténoïdes occupent une surface rectangulaire de 4 à
5 centimètres carrés environ.

La région sus-hyoïdienne est toujours prise jusqu'au niveau
du bord inférieur du maxillaire inférieur. A droite, cette
rougeur se confond avec celle de la joue ; à gauche, il existe
entre la rougeur sus-hyoïdienne et celle de la région faciale
une ligne qui répond à tout le bord inférieur du maxillaire ;
à ce niveau la peau est épargnée ainsi que la fossette mentonnière et la région de la houppe du menton. La langue est sale
à sa base et sur sa partie médiane ; elle est sèche et râpeuse.
La bouche est sèche. La malade n'a pas eu de diarrhée, elle
n'a pas eu de délire et se trouve mieux qu'hier. Pouls, 76.
— Temp. 37, 8.

Soir. — Pouls, 72. — Temp. 37,8.

19 *mai.* Les phlyctènes de la région trapézienne sont
un peu affaissées, le gonflement et la rougeur n'ont point
progressé. La joue gauche est moins tendue, moins luisante
qu'hier, mais la racine du nez est toujours couverte de croûtes
ainsi que la lèvre supérieure. Les paupières sont gonflées,
rouges, mais non luisantes ; le cuir chevelu est indemne. —
Langue sèche et sale, pas de délire. Pouls. 80.—Temp. 37,4.

Soir. — Pouls. 82. — Temp. 37,7.

20. — La peau est moins tendue, la rougeur moins vive
dans toutes les parties précédemment enflammées. La rougeur érysipélateuse n'est plus disposée que par îlots sur la
région trapézienne gauche. Les phlyctènes de cette région
sont affaissées, et la pression ne provoque plus de douleur.
Mais la région mentonnière qui, jusqu'à ce jour, avait été
épargnée, est envahie aujourd'hui. A gauche, le bourrelet
érysipélateux a franchi le sillon mento-labial, la rougeur
occupe tout le globe du menton ; à droite cependant il existe
au niveau du sillon mento-labial une ligne de 2 à 3^{mm} où la
peau est saine entre deux bourrelets érysipélateux. La région
sus-hyoïdienne est empâtée, d'un rouge pâle, peu luisante, et
cet empâtement est surtout marqué au niveau des attaches
antérieures des digastriques, où l'on sent un point induré

qui répond probablement au ganglion mylo-hyoïdien. — L'état général est satisfaisant, la langue sale, assez humide et un peu pâteuse ; il n'y a eu ni diarrhée, ni délire. — Pouls, 80. — Temp. 37,6.

Soir. — Pouls, 72. — Temp. 37,8.

21 *mai.* La rougeur érysipélateuse est partout en décroissance, si ce n'est sur le menton et à la région sus-hyoïdienne. — La région pré-myloïdienne est légèrement empâtée, dure au toucher, mais peu sensible ; le cuir chevelu est toujours indemne, et nulle part on ne retrouve le bourrelet érysipélateux. — Les phlyctènes de la région trapézienne sont affaissées et se dessèchent ; de nombreuses croûtes desquament, d'autres plus saillantes se détachent d'une seule pièce ; ce sont celles qui occupent la racine du nez, les joues, surtout la joue droite, la lèvre supérieure, l'angle de la mâchoire à droite et les oreilles. Celles-ci ne sont plus gonflées, mais la gauche est encore dure et d'une consistance cartilagineuse. P. 60. — T. 37.

22. — Le pouls est normal, ainsi que la température. A l'auscultation de la poitrine, nous ne trouvons plus rien d'anormal. — La langue est encore un peu chargée, mais l'appétit semble renaître. — La rougeur et le gonflement érysipélateux n'occupent plus que le menton, qui forme un relief luisant sur toute la face, qui maintenant, quoique gonflée aux points les plus maltraités par l'érysipèle, offre une teinte mate et est parsemée de croûtes desséchées en voie d'élimination. — L'empâtement persiste dans la région pré-myloïdienne.

23. — Même état. — Le gonflement des paupières à considérablement diminué.

24. — Le masque érysipélateux a presque totalement disparu. — De nombreuses croûtes jaunâtres imbriquées les unes sur les autres recouvrent les régions sourcilières sur une hauteur de 2 à 3 centimètres, se prolongeant sur la racine du nez jusqu'à la partie moyenne de cet organe. — Quelques croûtes isolées sont dispersées jusqu'à la pointe. — Sur la joue droite, on trouve un œdème inflammatoire accompagné de rougeur limitée en haut par le sillon palpébral inférieur, en dedans par le sillon naso-labial, la commissure des lèvres, le sillon labial inférieur ; en dehors ou en arrière, par le méplat

auriculaire qu'il déforme et le bord postérieur de la mâchoire inférieure ; en bas, par le bord inférieur de la mâchoire. — Cette rougeur œdémateuse est parsemée de croûtes jaunâtres, squameuses à leur surface et reposant à leur base sur une surface exulcérée.

25 *mai*. La malade entre en convalescence.

9 *juin*. La malade a conservé quelque temps sur tout le front, sur une partie des joues et sur la racine du nez, un masque de croûtes jaunes écailleuses qui se détachent les unes après les autres. — Mais elle se plaint d'une grande faiblesse dans les jambes, faiblesse plus considérable que d'ordinaire dans la convalescence des érysipèles. L'érysipèle a complétement disparu, il ne reste plus sur la face que quelques croûtes jaunâtres.

§ II.

ŒDÈMES AIGUS DE LA PEAU.

OBSERVATION III (Personnelle). — *Tuberculisation pulmonaire. — Ramollissement cérébral apoplectiforme. — Sueurs localisées du côté paralisé. — Œdème simultané de la peau et du tissu cellulaire du même côté.*

X..... 35 ans, blanchisseuse, est couchée depuis fort longtemps dans la salle Saint-Landry, n° 5, à l'Hôtel-Dieu (service de M. Fauvel). Elle y est traitée pour une tuberculisation pulmonaire avancée. Au sommet droit du poumon existent de nombreuses cavernes ; à gauche, il y a des phénomènes évidents de ramollissement. Le cœur est normal.

La malade, en proie à la diarrhée et à la fièvre hectique, était dans un état déjà très-avancé de cachexie tuberculeuse, lorsque le 16 mai, pendant la nuit, elle fut prise d'une attaque apoplectique et tomba hors de son lit du côté paralysé.

17 *mai*. Sterteur, paralysie fasciale incomplète à gauche, le clignement est bien conservé, il y a déviation de la bouche à droite ; la malade fume la pipe à gauche. — Point de déviation conjuguée des yeux. Le bras et la jambe sont complétement paralysés du mouvement.

Pendant les huit jours suivants, la connaissance revint et la paralysie s'améliora légèrement, lorsque le 25 mai, à la visite du soir, je m'aperçus que le côté gauche de la face et du cou, c'est-à-dire le côté paralysé, étaient couverts d'une sueur abondante, perlant sur le tégument comme de la rosée. En même temps la peau était rouge et chaude, mais très-souple.

26 mai. La sueur occupe le côté gauche de la face et du cou, comme hier, mais s'est en outre étendue (toujours à gauche) sur le devant de la poitrine, et sur le bras, l'avant-bras et la main : la jambe est couverte d'une transpiration légère.

27. — Même distribution de la sueur avec léger œdème des paupières et du coin gauche de la lèvre.

28. — Le cou, l'épaule, le bras sont œdématiés, mais la sueur a disparu. L'œdème occupe aussi bien la peau que le tissu cellulaire sous-cutané. Il dessine dans le derme comme de petites vergetures en réseau ou des îlots semblables au centre anémique des papules d'urticaire. Le doigt appuyé sur la peau laisse une trace profonde. Quand on prend un pli de la peau on voit s'exagérer les petits îlots blancs. Cet œdème n'est nullement douloureux.

Dans les trois jours qui suivent, rien de particulier à noter. L'œdème de la peau et du tissu cellulaire sous-cutané reste stationnaire. Les sueurs n'ont pas reparu, la mort arrive dans cet état après deux semaines, pendant lesquelles l'œdème a persisté.

A l'autopsie, on trouve les lésions ordinaires de la phthisie chronique, le cœur sain, les artères notablement athéromateuses et un foyer de ramollissement dans la couche optique droite. Les nerfs périphériques n'ont pu être examinés. Les veines du membre supérieur et du cou n'étaient pas malades.

On peut rapprocher cette observation de la série de faits communiqués il y a quelque temps à la Société de biologie par M. A. Ollivier et en même temps par M. Baréty. Il est très-probable que l'œdème s'est produit dans ce cas sous l'influence d'une action neuroparalytique dépendante de la lésion encéphalique. Quoi qu'il en soit, on voit que cet œdème primitif a été précédé d'une congestion intense de la peau qui a peut-être amené l'hypersécrétion des glandes sudoripares et qui a probablement été la cause principale de l'œdème, en l'absence de tout obstacle mécanique à la circulation du sang.

Observation IV. — *Névralgie faciale avec œdème aigu de la peau et du tissu cellulaire des paupières. — Ecchymose spontanée consécutive.* (Observation communiquée par M. le docteur Chouppe.)

Morissot (Claire), 52 ans, journalière, entre le 16 juillet 1873 salle Saint-Basile, n° 23, dans le service de M. H. Bourdon.

D'une santé faible et délicate, cette femme, autrefois bien réglée, vit, il y a quatre ans, ses règles se supprimer brusquement sans cause appréciable. En même temps survinrent des accès de migraine accompagnés de vomissements, accès auxquels elle est restée sujette depuis et qui s'accompagnaient chaque fois de palpitations de cœur très-violentes :

Elle entre à l'hôpital pour une névralgie de la branche ophthalmique droite qui durait depuis quinze jours. Les douleurs étaient surtout vives au-dessus du sourcil, au niveau du trou sous-orbitaire et aussi derrière la nuque ; elles consistaient en battements et en élancements rendus plus douloureux quand la tête était maintenue renversée.

La *peau* et le tissu cellulaire sous-cutané de la paupière inférieure étaient œdématiés notablement. Une rougeur vive, rappelant la couleur de la lymphangite ou de l'érysipèle pâle, couvrait le tégument ; l'œdème allait en décroissant sur la joue, où il se perdait insensiblement.

Le 17 juillet, depuis la veille et sans traitement, l'œdème a beaucoup diminué. Les urines sont examinées et ne contiennent pas d'albumine.

Les jours suivants, la tuméfaction œdémateuse disparut peu à peu avec des alternatives de recrudescence coïncidant avec deux ou trois poussées névralgiques. Le 2 août, tout avait disparu ; *mais la paupière inférieure droite présentait une légère ecchymose irisée qui s'est effacée ensuite par* dégradation régulière.

§ III.

ŒDÈMES CHRONIQUES DE LA PEAU AVEC DERMITE HYPERTROPHIQUE, DILATATION DES CAPILLAIRES LYMPHATHIQUES ET PRODUCTIONS ÉLÉPHANTIASIQUES.

OBSERVATION V (Personnelle). — *Cirrhose, œdème chronique avec hypertrophie de la peau des extrémités inférieures.— Hémorrhagie cérébrale.— Mort.*

Cazaux (Paul), employé, âgé de 57 ans, entre le 23 mai 1873 dans la salle Saint-Michel (hôpital de la Charité). Cet homme s'était toujours bien porté, il est vigoureux et d'un grand embonpoint. Il y a trois ans, il aperçut sur son abdomen de petites nodosités du volume d'une grosse lentille et siégeant dans le derme. Peu à peu ces nodosités se sont rapprochées, elles se sont fusionnées dans la région hypogastrique, où l'on voit aujourd'hui de petites traînées dures à bords mousses, s'isolant faiblement du reste de la peau, et d'une largeur de 4 à 5 millimètres environ ; en même temps survenait l'enflure des jambes et des cuisses, et un jour il vit son prépuce et son gland s'œdématier ; cet œdème diminua après un traitement de quelques jours. — Bien que ses bras n'aient jamais été enflés, il est gêné dans son travail, c'est ce qui le décide à entrer à l'hôpital.

Ce qui frappe tout d'abord, c'est l'énorme distension de l'abdomen, qui mesure plus d'un mètre de circonférence. Lorsqu'on serre la peau de la paroi entre les doigts pour y faire un pli, celui-ci ne peut avoir moins de 6 centimètres d'épaisseur. Bien que par la percussion on ne puisse pas produire la sensation de flot, on conclut cependant à l'existence d'un épanchement ascitique considérable: on trouve en effet dans les parties déclives une matité dont le niveau se déplace lorsque le malade change de position. Les cuisses, les jambes et les pieds sont extrêmement œdématiés, on trouve, en effet, les dimensions suivantes: à la cuisse, à l'union de son deux tiers supérieur avec les tiers inférieurs, 57 centimètres de circonférence; au-dessus de l'articulation du genou, 0^m47; au niveau du mollet, 0,39; au-dessus de l'articulation tibio-taisienne, 0,26, et au cou-de-pied 0,27. Cet œdème est dur, indolent et ne garde pas l'empreinte du doigt, qui déprime à peine le derme, bien que la pression soit forte. La verge, le prépuce, le gland sont œdématiés ; le méat urinaire semble logé au fond d'un entonnoir.

Le pouls est régulier, mais on le trouve difficilement à cause de l'épaisseur du derme. La dyspnée est grande, et à l'auscultation, on trouve une respiration fortement emphysémateuse accompagnée de râles sibilants. La respiration couvre les bruits du cœur, dont on ne peut constater l'état ; il ne paraît pas cependant y avoir de bruits de souffle.

L'appétit est bon, les digestions sont normales, les urines contiennent de l'albumine qu'on précipite par la chaleur et l'acide nitrique.

Cet état se maintient jusqu'au vendredi 16 mai ; à la visite du matin nous ne trouvons rien d'anomal, le malade demande un bain de pieds qui lui est accordé sans difficulté, mais vers midi, sans phénomènes prémonitoires, sans cause appréciable, le malade, alors assis sur son lit, dit à ses voisins qu'il a le bras gauche paralysé, puis il s'affaisse sur le dos et perd connaissance ; on lui applique alors 20 ventouses sèches sur la poitrine.

17 mai. A la visite du matin, on trouve le malade dans le décubitus dorsal, et même un peu latéral droit ; la face est vultueuse, cyanosée, et cette teinte est surtout prononcée sur les lèvres, la langue et les paupières, qui sont closes. La commissure labiale est dérivée en dehors, le bras droit est encore doué de sensibilité et de mouvements quasi volontaires ; le bras gauche est insensible, élevé il retombe inerte ; les extrémités des doigts présentent une teinte cyanique ; la dyspnée est extrême ; il y a 44 respirations par minute, et cette respiration est stertoreuse, accompagnée de râles trachéaux ; les narines et la bouche sont largement ouvertes ; la face est recouverte d'une sueur froide. Non-seulement le malade ne répond pas aux questions, mais encore il ne paraît pas les entendre.—Pouls 140 ; temp. { à droite 35,6. { à gauche 37,4.

Comme on ne peut faire de saignée à cause de l'épaisseur

dü tégument, on prescrit 16 sangsues aux apophyses mastoïdes ; le malade meurt dans la journée.

Autopsie.— L'autopsie est faite le 18 mai, 24 heures après la mort.

Cavité thoracique.—Les plèvres et les poumons sont dans leur état normal ; le cœur, très-hypertrophié, très-chargé de graisse, ne présente aucune insuffisance de ses orifices. Les parois du ventricule gauche sont très-hypertrophiées, aussi la cavité de ce ventricule, comparée au volume de l'organe, paraît-elle petite. — *Cœur gauche.* L'origine de l'aorte est le siége d'un grand nombre de plaques athéromateuses : les valvudes sigmoïdes ne présentent qu'une légère nodosité au-dessous du nodule normal d'Arantius. La valvule sigmoïde qui répond à l'artère coronaire postérieure est très-épaissie sur son bord adhérent, au niveau duquel on remarque, sur la partie moyenne de sa face externe, une plaque calcaire très-saillante. — *Cœur droit*, rien à signaler.

Cavité péritonéale. — A l'ouverture de la cavité péritonéale, il s'écoule 5 ou 6 litres d'une sérosité citrine. Les parois de l'abdomen offrent, au-dessous de l'ombilic, un pannicule adipeux de 5 à 8 centimètres d'épaisseur ; à ce niveau, le derme offre 5 à 8 millimètres d'épaisseur.

Foie. — Le foie hypertrophié présente une surface granuleuse semblable à une peau de chagrin à gros grains. Sur une coupe, on voit les lobules jaunâtres séparés par des tractus gris ; il y a donc de la cirrhose hypertrophique. Sur un certain nombre de points la surface du foie est déprimée, et, à ce niveau, on trouve de petites indurations jaunes lenticulaires, au nombre de 3 ou 4, se confondant à la périphérie avec le parenchyme du foie.

Rate. — La rate est considérablement hypertrophiée ; elle offre à sa surface des plaques laiteuses de périsplénite très-petites, mais extrêmement confluentes. Ces plaques ne sont pas saillantes ; elles forment une arborisation sur laquelle, de distance en distance, on trouve des nodules de la grosseur d'un grain de millet ou de chènevis, de consistance et d'aspect analogues au cartilage hyalin. La rate mesure 16 centimètres suivant son grand diamètre et 11 centimètres de dehors en dedans : à la coupe, le parenchyme semble hépatisé et les travées du tissu conjonctif semblent hypertrophiées comme dans la cirrhose de ce dernier organe. La pulpe splénique est comme comprimée dans ces mailles ; elle n'est point diffluente et ne se désagrége que faiblement par le râclage.

Reins. — Les reins n'ont point été examinés.

Intestins. — L'épiploon et le mésentère sont chargés de graisse et mesurent environ de 1 à 2 centimètres d'épaisseur. — L'intestin, ouvert dans toute sa longueur, ne présente rien d'anormal.

Boîte crânienne. — Les téguments du crâne sont injectés de sang et, en enlevant la voûte du crâne, il s'écoule environ 1 litre de sang noir, épais, qui semble venir de la base du cerveau et du canal rachidien. En incisant la dure-mère, qui paraît plus épaisse et plus dure qu'à l'état normal, on voit s'écouler de nouveaux flots de sang. Toutes les méninges sont injectées, et au niveau des lobes frontaux et occipitaux, surtout sur la partie latérale de ces lobes, on trouve des ecchymoses assez semblables à celles qui proviennent de la congestion hypostatique. — Rien à noter à la surface des hémisphères.

Cerveau. — On ne trouve rien d'anormal dans l'hémisphère gauche, rien dans la protubérance, le bulbe et le cervelet. Mais au contraire, lorsqu'on fait sur l'hémisphère droit une coupe qui permette de découvrir le centre ovale de Vieussens, on tombe dans une énorme cavité qui occupe presque tout l'hémisphère. Cette cavité est pleine de caillots mous, d'une couleur gelée de groseille ; son volume peut être comparé à celui du poing fermé d'un enfant de 10 ans, et en haut et latéralement elle est à peine séparée de la surface des hémisphères par une paroi de 1^{mm} à 1^{mm} 50 d'épaisseur. On voit facilement que cette poche ou foyer hémorrhagique occupe la place du ventricule latéral droit et qu'elle envahit les tissus environnants ; en effet, lorsqu'après l'enlèvement des caillots on place l'hémisphère dans l'eau, on voit les parois déchiquetées de la poche flotter à la surface et dessiner des anfractuosités remplies de caillots adhérents. — La couche optique paraît épargnée, mais la partie antérieure du corps strié est à peu près détruite ; on remarque à ce niveau une encoche de 3 1/2 à 4 centimètres. — Les parois du foyer sont un peu ramollies et jaunâtres jusqu'à une profondeur de 5 millim., mais au niveau du corps strié on trouve un ramollissement jaunâtre de 2 à 2 c. 1/2 de profondeur.

Lymphatiques. — Les ganglions mésentériques et ceux du pli de l'aine ne sont pas hypertrophiés.

Téguments. — Les téguments de l'abdomen sont notablement hypertrophiés. Le derme offre en moyenne 5 millim. d'épaisseur, et par place jusqu'à 1 centimètre. — Le pannicule adipeux qui double les téguments au-dessous de l'ombilic, près de la ligne médiane, mesure de 5 à 8 cent. — On pousse avec la seringue de Pravaz, remplie de bleu de Prusse soluble, une injection hypodermique dans le voisinage des traînées noueuses observées au-dessous de l'ombilic ; on voit alors le liquide injecté pénétrer peu à peu jusqu'au nouùres sans aucune suffusion, et chasser devant lui le liquide dont il prend la place : sur tous les points où une semblable injection est pratiquée, le résultat est le même.

Observation VI (Communiquée par M. le professeur Charcot).
— *Carcinome du sein.* — *Généralisation.* — *Œdème éléphantiasique du membre supérieur correspondant.*

Coulon (Julie), âgée de 74 ans, entre à l'infirmerie de la Salpêtrière le 15 février 1872.

Il y a cinq ans, cette femme a commencé à s'apercevoir d'une petite tumeur de la grosseur d'une noisette siégeant sur le mamelon droit. Celle-ci resta indolente pendant deux années, après quoi elle devint le siége de douleurs lancinantes. Depuis deux ans les ganglions axillaires droits sont engorgés, et il y a six mois le bras du même côté a commencé à augmenter de volume. La tumeur du sein a déjà donné lieu à de nombreuses hémorrhagies.

État actuel. — On trouve au niveau du sein trois ou quatre grosses tumeurs pédiculées assez largement, l'une est grosse comme le poing, deux ou trois autres n'atteignent que le volume d'un œuf de pigeon. Une dernière, plus petite, est placée au-dessous de l'insertion sternale du sterno-mastoïdien.

Au-dessous de la tumeur on voit une large ulcération à

paroi végétante s'étendant jusque sous l'aisselle, au niveau des ganglions, qui eux-mêmes sont pris et indurés.

Le bras a commencé par devenir rouge avant de se tuméfier, et des douleurs se sont produites le long du trajet des nerfs à la partie interne du bras en dedans du biceps ; puis le membre a augmenté de volume et la peau s'est épaissie progressivement. Aujourd'hui (20 septembre), l'œdème s'étend de l'insertion inférieure du deltoïde jusqu'à la main qui est elle-même enflée ; les doigts présentent l'aspect d'un cône dont la base reposerait sur une masse globuleuse qui serait la main. Les plis du poignet sont profonds, la peau est rouge, couverte par places de desquamations épidermiques.

L'hypertrophie réside surtout dans le derme, qui offre une grande résistance au doigt, se déprime avec peine et ne conserve pas d'empreinte. Au niveau du pli du coude existe un sillon très-profond de chaque côté duquel le derme hypertrophié forme deux énormes saillies en bourrelet. En outre, un grand nombre de plis transversaux profonds sillonnent la partie interne du bras, qui est aussi la plus douloureuse à la pression, surtout au niveau du trajet probable des nerfs. Les dimensions du membre hypertrophié sont les suivantes :

CIRCONFÉRENCE MESURÉE.	A DROITE.	A GAUCHE.
Au-dessus du pli du coude..........................	$0^m 41$ c.	$0^m 17$ c.
Au-dessous du pli du coude.........................	$0^m 32$	$0^m 18$
Au niveau du poignet...............................	$0^m 22$	$0^m 14$
Au niveau de la pomme de la main................. .	$0^m 25$	$0^m 16$

Le 20 novembre 1872, on trouve qu'il s'est développé sous l'aisselle gauche deux ou trois grosses tumeurs dures, et une autre du même côté au niveau des 3e et 4e côtes. Le bras gauche n'est pas devenu œdémateux.

La malade est morte dans cet état dans les premiers mois de l'année 1873. A l'autopsie, on trouva des généralisations de la tumeur qui était au carcinome, dans divers organes (foie, plèvre, corps des vertèbres). La peau présentait une épaisseur considérable.

Il y avait à la fois dans le derme des dilatations des capillaires lymphatiques, une grande quantité de globules blancs agglomérés ou disséminés, des îlots de prolifération autour des glandes sudoripares, des bulbes pileux, ou isolés dans la peau. L'exsudat avait donné naissance à un réticulum fibrineux analogue à celui de l'œdème inflammatoire.

Cette observation montre un très-bel exemple d'hypertrophie véritablement éléphantiasique de la peau, consécutive à un œdème prolongé. On voit qu'ici, au point de vue purement anatomo-pathologique, l'histoire de l'œdème hypertrophique tend à se confondre avec celle des éléphantiasis. Mais les lésions fondamentales sont ici encore les mêmes qu'au début; à savoir : *la dermite chronique* et les *ectasies lymphatiques*, qu'on retrouve dans toutes les formes d'œdème prolongé de la peau.

ŒDÈME ÉLÉPHANTIASIQUE DE LA PEAU, FORME VERRUQUEUSE.

OBSERVATION VII.

Dulud, âgée de 63 ans, marchande à la halle, entre le 2 juillet 1873 à la Charité, dans le service de M. Pidoux, suppléé par M. Cornil, salle Saint-Vincent, n° 21.

Cette femme, grande, forte, très-grasse, raconte qu'elle n'a jamais fait de grande maladie, mais que depuis trois ou quatre ans elle s'essouffle facilement et éprouve de violentes palpitations de cœur. Successivement ses jambes se sont enflées, puis sont devenues dures et rugueuses. Actuellement, l'œdème occupe les cuisses et les jambes ; il est dur, et a envahi la peau, qui est épaissie considérablement ainsi que le tissu adipeux sous-cutané. Dans le tiers inférieur des deux jambes, le tégument présente une coloration d'un rouge vineux ; sa surface est mamelonnée, sillonnée de plis dans l'intervalle desquels on voit des saillies papillaires tubéreuses qui donnent à la peau un aspect villeux. Chacune de ces papilles est coiffée d'une sorte de chapeau d'épiderme corné, d'un gris sale. Les malléoles sont effacées par la tuméfaction, toute la face dorsale du pied et les orteils eux-mêmes sont déformés, couverts de saillies mamelonnées. Il en résulte un effacement partiel de la courbure articulaire, et tout le membre a pris cette forme massive, sans indication de jointure à l'union de la jambe et du pied, qu'on a décrite comme caractéristique de l'éléphantiasis. Çà et là sur le membre tuméfié s'observent des ulcérations plus ou moins profondes taillées à pic. On ne sent pas sous la peau de paquets variqueux et il n'y a pas de varices appréciables des vaisseaux du derme.

La malade a actuellement la face cyanosée, les lèvres bleuâtres, elle respire avec une difficulté extrême, l'auscultation des poumons révèle une congestion passive de ces organes avec œdème des deux bases, prononcé surtout à droite où l'on constate de la matité en arrière. L'œdème remonte le long des parois du ventre, volumineux et contenant un peu de liquide; à ce niveau la peau est très-œdémateuse. Les râles sibilants et bullaires masquent les bruits du cœur, qui est très-gros et bat irrégulièrement, ainsi que le pouls, petit, intermittent. — Saignée de 500 grammes, suivie d'une légère amélioration et d'une notable diminution de la dyspnée.

Mais peu à peu, malgré une nouvelle saignée, malgré la digitale et les toniques administrés successivement, l'œdème pulmonaire augmenta sans cesse, l'expectoration devint abondante, une suffocation permanente s'établit, avec subdélirium, et l'asystolie se prononçant de plus en plus, la mort survint le 4 août.

A l'autopsie, 24 heures après la mort, on trouve les deux poumons adhérents aux plèvres, mais beaucoup plus à droite, où le poumon ne peut être détaché qu'avec la plus grande peine; car il adhère à la fois au péricarde, au diaphragme et à la paroi costale. Les poumons sont emphysémateux et œdématiés aux bases ; les artères pulmonaires sont très-athéromateuses, et couvertes sur plusieurs points de plaques calcaires. Le cœur est volumineux, graisseux, adhérent au péricarde, surtout sur son bord droit. La pointe est libre. A la surface du péricarde adhérent on rencontre un grand nombre de plaques de consistance cartilagineuse, dont une atteint les dimensions d'une pièce de 2 francs, et qui sont le résidu d'anciennes péricardites. Tous les orifices du cœur gauche sont incrustés de plaques calcaires et à la fois insuffisants et rétrécis.

Les reins sont hypérémiés, graisseux, le foie très-volumineux, atteint de dégénérescence graisseuse à la périphérie des lobules.

Rien à noter dans l'*intestin*. Mais toutes les anses intestinales sont fixées dans leur position par des adhérences des feuillets du mésentère les uns avec les autres ; il existe pour ainsi dire une symphyse péritonéale.

La peau des membres inférieurs est œdémateuse aux cuisses, à la jambe ; au niveau des îlots éléphantiasiques, elle est dure, crie sous le scalpel, et atteint une épaisseur de plus d'un centimètre. Sur une section, on voit une multitude de trous béants. Une coupe de la peau examinée au microscope, montre les particularités suivantes : La couche ornée de l'épiderme est très-épaisse, les papilles ont pris un développement considérable ; elles sont composées de tissu conjonctif jeune, et à leur base de cellules embryonnaires formant des îlots (foyers globulaires de Van Lair)[1]. L'épaississement des faisceaux conjonctifs du derme au-dessous des papilles est considérable, et toute la peau est infiltrée de cellules embryonnaires. Le tissu adipeux sous-cutané présente les lésions déjà décrites comme caractéristiques de son inflammation chronique ; il est dur, comme solidifié et présente une épaisseur de 2 centimètres et demi à 3 centimètres.

Tous les vaisseaux sanguins du derme sont considérablement dilatés, comme creusés au milieu du tissu fibreux. Les capillaires lymphatiques se montrent sous la forme de larges lacunes béantes. C'est à ces diverses dilatations vasculaires que sont dus les trous visibles à l'œil nu sur une section de la peau.

Les ganglions du triangle de Scarpa sont augmentés de volume, durs, fibreux. En les piquant, on n'arrive à injecter que difficilement les lymphatiques voisins ; ces derniers ne paraissent pas dilatés.

Cette forme verruqueuse est tout à fait analogue à celle dé-

[1] Van Lair, Recherches anatomiques sur l'éléphiantiasis des Arabes (in *Bullet. de l'Acad. royale de médecine de Belgique*, t. V, 3e série, n° 8.)

crite par Virchow, et étudiée depuis par M. Van Lair, dans son travail sur l'éléphantiasis des Arabes ; elle rentre également dans la variété d'éléphantiasis décrite par M. Hardy, sous le nom de lichen hypertrophique, et dont on peut voir de beaux spécimens au musée de l'hôpital Saint-Louis. Dans ces cas, l'irritation amenée par la prolongation de l'œdème a donné lieu à la production d'un véritable *papillôme* de la peau. Ce résultat n'a d'ailleurs rien de spécial et peut être amené par toute espèce d'irritation chronique et superficiel siégeant à la surface du tégument.

§ IV.

ŒDÈME LYMPHATIQUE.

OBSERVATION VIII.—*Pachydermie éléphantiasique.— Varices lymphatiques de la peau du ventre. — Œdème lymphatique de la peau. — Mort. — Autopsie* (Observation personnelle).

Claudin (Alexandre), âgé de 50 ans, sellier, né à Toul (Meuse), et domicilié à Belleville, entre le 13 mars 1872 dans le service de M. A. Fauvel (Hôtel-Dieu, salle Sainte-Madeleine, n° 18).

Antécédents de famille.—A peu près nuls ; le malade affirme vaguement qu'un de ses frères a été atteint de la même maladie que lui, d'*une enflure*, qui, du reste, est guérie depuis longtemps ; tous ses autres parents se portent bien.

Antécédents du malade. — Cet homme a joui d'une excellente santé jusqu'à ces six derniers mois. Il n'a jamais quitté la France et vit depuis longtemps à Paris. Il n'avoue pas d'habitudes alcooliques ; il n'a jamais eu d'érysipèles.

Il y a six mois environ, il commença à s'apercevoir que ses pieds avaient augmenté notablement de volume en un mois ; la tuméfaction dure dès le début, anvahit les jambes, puis les cuisses, et enfin les organes génitaux externes (scrotum et peau de la verge). Le médecin traitant crut alors à une hydrocèle, ponctionna les bourses, et cette ponction fut suivie d'une légère diminution de l'œdème. Bientôt, cependant, celui-ci reparut aux cuisses, puis dans la portion sous-ombilicale de l'abdomen et devint de nouveau considérable au scrotum. En même temps se développaient dans la région inguinale des cordons noueux faisant relief, convergeant tous vers le pli de Fallope ; ces cordons, auxquels le malade fit peu d'attention, parurent et disparurent plusieurs fois. Enfin, depuis un mois, ils sont devenus permanents, l'abdomen a pris un développement considérable, et le malade, tourmenté par la dyspnée et peu libre de ses mouvements, a cessé de travailler seulement pour entrer à l'hôpital.

Etat actuel. — L'aspect général de ce malade es tcaractéristique ; l'estrême développement du ventre et la tuméfaction des jambes et des cuisses rendent la marche très-difficile. En marchant il écarte les jambes et les meut d'une seule pièce sans ployer les genoux ; il lui est impossible de ramasser un objet à terre. Il s'essouffle rapidement ; sa face est ordinairement congestionnée et ses yeux saillants. Il paraît peu intelligent, très-méfiant et très-irascible Il n'a, par exemple, jamais consenti à se laisser mouler par Baretta, ni à subir la moindre piqûre.

L'examen pratiqué méthodiquement montre tout d'abord une ascite énorme, refoulant le foie en haut. Ce dernier ne paraît pas hypertrophié ni atrophié. Le poumon droit est rempli de râles humides mêlés de râles sibilants, le gauche l'est aussi, mais à un moindre degré. Le côté droit de la poitrine sonne mal à la percussion. Le cœur est gros, ses bruits sont sourds, le 2e déboublé ; il bat régulièrement, ainsi que les artères.

La tuméfaction éléphantiasique se montre avec des caractères différents au membre inférieur, au niveau de la paroi abdominale et dans les organes génitaux externes. Le membre pelvien a perdu sa forme pour devenir une sorte de pilier cylindroïde sous lequel se cache le pied. L'épaississement des téguments est considérable et atteint même le pli du jarret. De là la raideur des jambes et leur extension permanente sur la cuisse.

L'aspect du tégument est caractéristique : la peau est devenue rugueuse, sillonnée de plis superficiels comme de la peau d'éléphant ; les orifices pileux sont écartés les uns des autres, et au lieu des lignes régulières d'implantation des poils, on voit ceux-ci naître au fond de petites dépressions superficielles un peu vous pigmentées que le reste et semées irrégulièrement, comme si la distension forcée du derme eût détruit l'arrangement primitif. Quand on saisit avec les doigts une portion du tégument, on ne peut faire de pli à la peau, mais on a la sensation d'une couche considérable, dure et résistante, glissant difficilement sur les parties profondes, et très-élastique. Cependant, quand on appuie énergiquement le doigt, le tégument garde une légère empreinte qui s'efface rapidement. Il y a donc ici mélange d'œdème et de pachydermie.

La coloration de la peau a fort peu varié. Depuis quelque temps, cependant, le malade a du prurit aux jambes, à la partie interne des cuisses, et, sur ce point, les grattages ont amené des rougeurs diffuses. La sensibilité est intacte sur tout le tégument hypertrophié.

Le pli de l'aine est comme creusé à pic entre le ventre, énormément développé, et la racine de la cuisse où la peau est très-épaissie. Quand on introduit les doigts au fond de ce sillon suintant et profond d'environ six centimètres, on sent, si l'on déprime la peau sur le triangle de Scarpa, des paquets ganglionnaires d'un volume énorme. C'est de là que partent les cordons noueux qui sillonnent jusqu'au niveau de l'ombilic la paroi abdominale considérablement épaissie et présentant comme la peau du membre pelvien un mélange d'œdème et de pachydermie.

Les cordons noueux, au nombre de 15 à 20 de chaque côté, ont un diamètre variant entre celui d'une plume de corbeau et celui d'une plume de cygne. Ils gagnent le pli de l'aine en suivant exactement la distribution des lymphatiques de la région et en s'envoyant des branches anastomotiques nombreuses. Il en résulte un lacis noueux formant un relief semblable à celui que font les veines du dos de la main quand on pose une ligature autour du poignet. La coloration de ces cordons est blanchâtre, elle tranche sur le fond plus animé du tégument à la manière des vergetures, mais les nouûres diffèrent totalement de celles-ci, en ce qu'elles disparaissent sous la pression du doigt, puis se remplisssent ensuite lentement en reprenant leur volume normal. A leur niveau, l'épiderme ne présente aucune éraillure. Il y a donc tout lieu de penser d'abord que le réseau noueux est formé par des lymphatiques dilatés, et nous verrons bientôt comment cette présomption s'est pleinement justifiée.

Au niveau du scrotum et de la verge, la peau est devenue franchement éléphantiasique ; la peau des bourses, de couleur rouge sombre, criblée d'orifices glandulaires dilàtés, est rugueuse, dure sous le doigt, qui ne la peut déprimer ; elle semble avoir acquis la consistance du bois. Le paquet génital, devenu plus gros que les deux poings, est surmonté par la verge très-courte, entourée d'une peau complétement indurée et solide comme celle du scrotum ; le prépuce forme un bourrelet dur comme tordu ; toutes ces parties sont rigides, se tenant entre elles dans une même masse, comme si elles étaient congelées. L'urine s'écoule du méat par une rigole exulcérée, et les plis génito-cruraux sont aussi le siége d'exulcérations grisâtres exhalant une odeur repoussante *sui generis.*

La sensibilité des parties génitales ainsi modifiées était néanmoins restée intacte. Il existait aussi à ce niveau une tendance à la production de rugosités papillaires : les poils, implantés au fond de fossettes peu profondes, étaient clairsemés et en partie atrophiés : l'induration éléphantiasique vraie remontait à environ quatre travers de doigt sur la paroi abdominale, au niveau du pénil, après quoi la peau reprenait ses caractères de pachydermie mélangée d'œdème.

L'appétit était resté à peu près intact. Il y avait un peu de constipation ; l'urine, peu abondante (800 grammes par jour environ) était rouge, presque alcaline, déposait une grande quantité d'urates et ne contenait ni albumine, ni graisse, mais une notable quantité d'indigose urinaire.

(Le traitement se borna à l'administration quotidienne d'une macération de digitale, — vin de quinquina, juleps diacodes, et laxatifs répétés à divers intervalles.)

Le 15 avril, le malade, ordinairement inquiet et méfiant, commença à être pris d'un véritable délire de persécution ; il voulait absolument sortir de l'hôpital ; puis, quand on l'avait calmé à grand'peine, il retombait dans une sorte d'hébétude. Les râles pulmonaires augmentèrent graduellement dans la semaine qui suivit, de même que la toux et l'ascite. Le décubitus dorsal était devenu impossible. Sur les jambes et les cuisses, les grattages laissaient suinter une sérosité limpide qui se concrétait rapidement. La main gauche commença à devenir le siége d'un œdème dur. Peu après, les cordons noueux de la paroi abdominale devinrent beaucoup plus volumineux, et un réseau analogue se montra au niveau du triangle de Scarpa et à la face interne des cuisses, en suivant la direction des lymphatiques de la région. (Saupoudrages avec la poudre de talc.)

1er *mai*. Le délire est absolu, le malade ne peut sortir du lit, il est en proie à des rêvasseries continuelles, plus d'appétit, selles involontaires, émission continuelle des urines. A l'auscultation, râles muqueux très-abondants et mêlés de râles sibilants dans les deux poumons. Les bruits du cœur sont sourds, dédoublés et irréguliers. Il y a des faux pas du cœur et des intermittences du pouls, devenu faible, filiforme. Il n'y a cependant point de fièvre.

3. — Même état, mais aggravé, l'assoupissement est presque continuel, l'œdème du bras gauche est devenu complétement dur. Il y a dans le creux axillaire des ganglions très-développés.

5. — Coma.

8. — Mort dans le coma.

Autopsie. — Pratiquée le 10 mai à sept heures du matin.

Des varicosités lymphatiques sont un peu affaissées sur le cadavre, mais cependant encore bien distinctes. Je pique avec une seringue de Pravaz, contenant une solution aqueuse de bleu de Prusse, l'une des nodosités des parois abdominales. L'injection réussit parfaitement, et tandis que le réseau noueux se remplit sur une étendue de quelques centimètres, le réseau lymphatique du derme s'injecte très-complétement. Cette opération est répétée sur plusieurs points avec le même succès.

En incisant la peau au niveau des parties injectées, on voit qu'au niveau de la varice lymphatique, la matière à injection est accumulée en masses noueuses. De là partent des lignes bleues qui entrent dans le derme; un peu plus loin, la coupe du derme lui-même est semée de tractus et de points bleus

qui sont les sections de ses rameaux et de ses espaces lymphatiques ; un grand nombre de points bleus entourent les
vaisseaux sanguins d'une sorte de couronne.

L'épaisseur du derme est notablement plus grande qu'à
l'état normal sur les points envahis par l'œdème dur. Elle
atteint, en effet, de 3 à 5 millimètres. Mais c'est surtout le
panniceule graisseux sous-cutané dont l'épaisseur et la résistance sont devenus considérables. Au niveau du pénil, par
exemple, la coupe de la peau jusqu'à l'aponévrose mesure
7 centimètres environ, dont 6 au moins appartiennent à la couche cellulo-graisseuse. A la jambe et à la cuisse, l'épaisseur
est moindre ; elle atteint environ 4 centimètres.

Ce tissu cellulo-adipeux présente une consistance tout à
fait anormale. Il est dur, se coupe très-aisément en tranches
minces ; en un mot, il a tout à fait l'aspect d'un lipome congelé.
Lorsqu'on incise la peau ainsi épaissie, on voit facilement
que la pachydermie tient en grande partie à cet état singulier du tissu cellulaire sous-cutané. En même temps, il s'écoule
de l'incision une grande quantité de sérosité citrine spontanément coagulable et riche en globules blancs.

Au niveau du scrotum et du prépuce, au contraire, la section de la peau montre un épaississement fibreux considérable. Là le derme acquiert 3 et même 4 centimètres d'épaisseur;
c'est un tissu blanchâtre, lardacé, semblable à celui du squir-
rhe, et qui semble formé, à l'œil nu, de faisceaux entre-croisés
et serrés. Le réseau capillaire est richement injecté de sang
noir[1], et là aussi l'injection des lymphatiques avec le bleu décèle
une grande richesse en vaisseaux blancs.

Dans le creux axillaire, dans le pli de l'aine, d'énormes
masses ganglionnaires sont plongées au milieu d'un abondant
tissu adipeux comme solidifié. Les glandes atteignent dans
le triangle de Scarpa le volume d'un œuf de pigeon ou d'un
petit œuf de poule. Elles ne roulent pas dans leur atmosphère
graisseuse, au milieu de laquelle il faut pour ainsi dire les
sculpter. Sur une coupe, on voit le tissu cellulo-adipeux se
confondre intimement avec la couche corticale, qui paraît hypertrophiée, mais d'ailleurs normale, tandis qu'au centre du

---

[1] Le sang noir contenait une proportion absolument normale de globules blancs.

ganglion se voient une multitude d'orifices béants comme les trous d'un petit crible et qui peuvent facilement admettre une tête d'épingle dans leur cavité.

Le ventre ouvert, il s'écoule une énorme quantité de sérosité citrine. Le péritoine présente des traces d'une irritation ancienne ; le long de l'ouraque, il est criblé de taches pigmentaires de couleur sépia. Le grand épiploon est rétracté et comme formé de lobules constitués eux-mêmes par un agrégat de petits grains gros chacun comme une semence de millet. Le long de l'aorte et dans le mésentère existent des ganglions tout à fait analogues à ceux du pli de l'aine, et plongés comme eux dans une masse de tissu cellulo-adipeux induré. Ces traînées ganglionnaires se continuent le long de la veine porte, dans le hile du foie, et rendent parfaitement compte de l'ascite.

Le foie est peu volumineux ; à la coupe, il offre l'aspect d'un granit rouge et jaune. L'examen histologique a montré qu'il s'agit là d'un mélange d'atrophie rouge et d'atrophie graisseuse. Il n'y avait point trace de cirrhose et tous les vaisseaux étaient perméables.

Rien à noter dans les reins, la rate et les capsules surrénales, pas plus que dans les voies disgestives.

Poitrine. — Point d'épanchement dans la plèvre gauche ; à droite, le poumon est presque partout adhérent aux côtes. Il présente quelques foyers d'atélectasie et de l'engouement partout. Même état moins prononcé à gauche. Point de tubercules.

Le cœur est gros et libre dans le péricarde. Les deux ventricules contiennent des caillots prolongés dans les oreillettes à travers les orifices auriculo-ventriculaires. Ces caillots intriqués dans les colonnes charnues présentent une coloration uniforme, ce qui indique qu'ils sont de quelque temps antérieurs à la mort (Ranvier) ; le caillot gauche se prolonge dans l'aorte sur une longueur d'environ 15 centimètres, mais le coagulum aortique est dyschromique et par conséquent récent. L'aorte est semée de plaques athéromateuses, comme c'est la règle à cet âge. Les valvules du cœur sont libres, l'orifice de l'artère pulmonaire est seulement très-légèrement insuffisant par dilatation simple de l'anneau fibreux. Le myocarde est en dégénérescence graisseuse à peu près complète.

8

Rien à noter dans les centres nerveux, si ce n'est un peu d'œdème. La substance grise est parfaitement normale. Les méninges contiennent seulement un assez grand nombre de granulations de Pacchioni.

Rien de plus à noter dans le système vasculaire ; on ne put, sur le cadavre, mettre à nu le canal thoracique ni la grande veine lymphatique.

Les lambeaux de peau pris au niveau des dilatations variqueuses qui sillonnaient l'abdomen, ou enlevés sur la jambe ou la cuisse, enfin des portions de scrotum et de prépuce atteints d'éléphantiasis dur ont été examinés à l'état frais ou après un court durcissement dans l'acool ou l'acide picrique en solution concentrée.

A l'état frais, une coupe mince de la peau et du tissu graisseux sous-cutané prise au niveau du pli de l'aine a montré les particularités suivantes :

Après coloration convenable[1], cette coupe paraissait au premier abord identique avec celles qu'on obtient en faisant des sections minces dans une injection interstitielle à la gélatine. Les éléments du tissu conjonctif étaient dissociés, et l'on voyait le tissu du derme, formé de fibres conjectives et de fibres élastiques, rempli d'une quantité tout à fait anormale de globules blancs.

Les faisceaux conjonctifs dissociés par l'œdème étaient revêtus de cellules plates caractéristiques formées d'une très-longue plaque de protoplasma renfermant un noyau vesiculeux très-apparent. Elles ne présentaient pas de signes bien évidents de prolifération et n'offraient même pas l'état globuleux caractéristique de l'œdème aigu, fait important qui conduit à séparer cet œdème singulier des formes ordinaires. Quant aux globules blancs, répandus partout entre les faisceaux du derme, ils étaient comme d'ordinaire dans l'œdème de la peau, rassemblés autour des petits vaisseaux le long desquels ils s'accumulaient en couches épaisses.

Le tissu adipeux sous-cutané était modifié à un haut degré, épaissi, induré, et revenu à l'état embryonnaire sur un grand

---

[1] La coloration a été obtenue à l'aide d'un séjour de quelques minutes dans le picrocarminate d'ammoniaque à 1 p. 100. La préparation a été examinée dans le même réactif affaibli.

nombre de points. Le tissu embryonnaire était plus abondant que partout ailleurs, entre les vésicules, au pourtour des glandes lymphatiques.

Ces dernières ne présentaient à leur périphérie d'autre modification qu'une hyperplasie considérable du tissu conjonctif, de telle sorte que le ganglion avait subi la transformation fibreuse. Mais au centre se montraient, entre les sections des artères et des veines, de vastes lacunes irrégulières dépourvues de paroi propre, et contenant des caillots rétractés garnis de couches d'endothélium lymphatique desquamé qui avaient suivi les caillots dans leur rétraction. Il y avait là dans la substance médullaire des ganglions *une dilatation considérable des vaisseaux lymphatiques efférents et afférents.*

Dans le derme, l'infiltration globulaire était moins abondante que dans le tissu conjonctif sous-cutané ; cependant, autour des vaisseaux, on les retrouvait en très-grand nombre, mais au contraire, sur ce point, les modifications des lymphatiques étaient considérables.

Les lacunes lymphatiques du derme étaient extrêmement dilatées, et, sur les points où l'injection bleue n'avait pas pénétré, renfermaient des caillots formés par de la lymphe, et rétractés sous l'influence des réactifs durcissants. Ces caillots formaient des masses granuleuses, colorées par le carmin en rose pâle et présentant un bord festonné. La plupart du temps, en se rétractant, le caillot, ayant entraîné une partie du revêtement endothélial du capillaire lymphatique, se trouvait recouvert de grandes cellules plates à noyau vésiculeux et clair, tout à fait caractéristiques.

Non-seulement de pareils caillots remplissaient les lymphatiques dilatés du derme, mais encore au-dessous des varices lymphatiques, et sur beaucoup d'autres points, ils s'étaient formés dans les mailles même du tissu conjonctif. Celui-ci paraissait alors comme distendu par une injection interstitielle solidifiée. *La stase, dont tout le système lymphatique était le siége, avait donc son origine dans le tissu conjonctif.* Fait important et cadrant bien avec cette conception de M. Ranvier qui assimile le tissu cellulaire à un vaste sac lymphatique cloisonné communiquant librement avec les capillaires du système absorbant.

On voit que la forme d'œdème qui vient d'être décrite ne diffère des autres qu'au point de vue des altérations considérables présentées par le système lymphatique. Non-seulement dans ce cas il y a une *dermite chronique hypertrophique*, mais encore une stase de la lymphe et une dilatation de ses canaux recteurs *jusque* dans les ganglions lymphatiques de la racine des membres et même dans les ganglions péri-aortiques. Les glandes elles-mêmes sont transformées en tissu fibreux, et, bien que devenues énormes, elles ne peuvent plus fonctionner. Le cours de la lymphe est gêné à leur niveau, quoique les vaisseaux afférents et efférents aient subi des dilatations considérables ; aussi les lymphatiques correspondants se dessinent-ils comme des cordons noueux principalement au-dessus du pli de l'aine.

Dans l'observation que j'ai rapportée, c'est chez un malade atteint d'une affection cardiaque ancienne non compensée depuis longtemps, qu'on rencontrait l'œdème lymphatique mélangé à l'œdème vrai. *La pachydermie lymphangiectasique de Rindfleisch*, dont cet auteur fait une variété de l'éléphantiasis des Arabes, peut donc être le dernier terme d'un œdème hypertrophique de la peau. Cette forme rare à l'état d'entier développement n'est d'ailleurs caractérisée que par l'exagération des dilatations lymphatiques que l'on rencontre dans tous les œdèmes cutanés chroniques.

TABLE DES MATIÈRES

Clichy. — Impr. Paul Dupont, 12, rue du Bac-d'Asnières. (700. 4-4.)